ELOQUENCE DE LA SARDINE

by Bill François

빌 프랑수아 글·그림 | 이재형 옮김

정어리의 웅변

ÉLOQUENCE DE LA SARDINE

BILL FRANÇOIS

레모

일러두기

1. 본문의 주는 모두 옮긴이주다.
2. 생물의 명칭은 저자의 제안과 영어판을 참고하여 영어명을 병기했다.
3. 기타 외래어 표기는 국립국어원 외래어 표기법을 따랐다.

나의 정어리가 자신의 이야기를 들려주기 위해 멀리 한국까지 여행을 떠난다니 정말 기쁘네요!

정어리 처지에서 보자면, 사실 그리 먼 여행은 아니겠군요. 한국과 프랑스 두 나라는 우리 같은 인간들에게나 멀리 떨어져 있지, 물고기들에게는 그렇지 않아요. 물고기들에게 바다는 그저 거대한 하나의 나라일 뿐입니다. 물속에는 국경선이 없어요. 넘지 못할 산도, 벽도, 아무것도 없어요. 어떤 바다 동물은 무한한 공간 속에서 알 수 없는 방식으로 방향을 잡아가며 매달 수천 킬로미터를 돌아다니지요. 또 다른 바다 동물은 알을 낳아서 물에 흘러가는 대로 내버려두는데, 그러면 새끼들은 바다 여기저기를 돌아다니게 됩니다.

이야기가 어디에서 펼쳐지든, 제 책에서 여러분이 만나는 건 어쨌든 바다라는 거대한 나라입니다. 그 이야기는 바다 여기저기에서 일어날 수 있고, 실제로 일어나고 있어요. 분명 여러분이 있는 곳에서 멀지 않은 바다에서도요.

운이 좋게도, 한국은 삼면이 바다로 둘러싸여 있어요. 저는 《정어리의 웅변》을 통해 여러분이 바다를 달리 바라볼 수 있기를 바랍니다. 여러분이 여름에 해수욕을 즐기러 바다에 가거나 추운 겨울에 새해 일출을 보려고 바다에 가게 된다면, 이 책을 읽은 기억 덕분에 물속에서 일어나는 일을 궁금해한다면 좋겠습니다. 그래서 여러분도 바다에 사는 놀라운 생명체들과 인사를 나눌 수 있게요. 이런 만남은 자연의 숨은 부분과 조화를 이루며 살기 위한 첫걸음이 되겠지요.

여러분이 바닷물에 직접 들어가거나 낚시하면서, 또는 수족관을 방문하면서 바닷속 생명체들에게 이미 관심을 두고 있었다면, 이 책 속에서 새로운 이야기와 새로운 모험을 발견하기를 바랍니다. 바다 생명체의 세계는 수평선과 같아요. 우리가 다가갈수록 언제나 더욱 거대하게 나타납니다. 매번 제게 감탄을 자아내게 만들고 많은 행복을 안겨준 무한한 자원이지요. 여러분이 이 책을 읽으면서 그 행복을 조금이나마 함께 나누기를 소망합니다.

그럼 책 속으로 빠져들어볼까요!

◇

말들로 세계를 만드는 행복을 전해준 어머니께
야생의 강을 내 눈앞에 시로 그려준 미키 테일러에게
지중해의 물고기들에게, 다른 모든 물고기들에게
그리고 물고기들을 알고 싶어 하는 모든 이들에게
물고기들의 이야기를 전해줄 당신에게

◇

바위가 꽤 높아서 올라가다 미끄러지지 않으려면 비치 슈즈를 벗어야만 했다. 그러면 발이 한결 편했다. 투명한 플라스틱 띠를 이어 만든 젤리 슈즈의 녹슨 버클 때문에 해파리에 쏘였을 때보다 발이 더 아팠다. 비치 슈즈로 물속을 걸을 때면 한 걸음 한 걸음 걷는 속도가 점점 더 느려졌다. 이 샌들을 신느니 차라리 디즈니 캐릭터가 그려진 방수 밴드를 발목 여기저기에 붙인 채 남은 휴가를 보낼 각오를 하고 맨발로 가파른 바위의 가장자리를 오르는 편이 더 나았다.

바위 꼭대기까지 올라가야 했다. 곶처럼 톡 튀어나온 바위는 모래사장 맨 끝에 있었다. 어른들은 여기서 책을 읽다가 스르르 잠이 들었다. 바위 앞에는 무정한 '여름방학 탐구생활'이 나를 기다리고 있었다. 그 너머에는 황량한 해안이 펼쳐져 있었다. 바위 꼭대기에서는 바위 사이로 수로와 웅덩이가 여러 개 있는 작은 만이 훤히 내려다보였다. 파도가 밀려올 때마다 바닷물은 천천히 호흡하듯 들어왔다 나가기를 되풀이했다. 바다가 숨을 들이쉬는 찰나, 수면이 잔잔해지면서 숨어 있던 것을 전부 다 또렷이 볼 수 있었다. 이때야말로 물속에 사는 생물들을 관찰하기에 가장 좋은 순간이다. 나는 바닷속 생명체를 찾아내는 것을 좋아했다. 생물들을 알아보고 뜰망을 써서 잡아보겠다며 바다가 들숨을 쉬기를 기다리는 일도 좋아했다. 해초를 가발처럼 두르고 있는 유럽꽃게littoral crab와 반투명새우translucent shrimp, 거품을 내뿜는 수주고둥periwinkle, 만지면 쏘인다고 어른들이 경고해서 만질 엄두도 내지 못했던 진홍색 말미잘sea anemone 등 모든 해양생물이 궁금증을 자아냈다. 그런데도 절대로 만나고 싶지 않았던 동물이 있다면, 바위에서 멀리 떨어진 심해에 사는 물고기들이었다. 나는 깊은 바닷속 물고기가 무서웠다. 부모님이 시장에서 물고기를 사올 때마다, 커다랗고 동그란 눈을 보며 두려움을 느꼈다. 또 머리 뒤쪽에 뚫린 구멍 두 개는 목이 잘린 짐승처럼 보였다. 그 탓에 웅덩이와 바위 너머 세계에는 가볼 상상조차 하지 못했다. 아득히 먼 곳에 있을 듯한 자유롭고 푸른 바다는 내게 엄청난 두려움을 불러일으켰다.

바다가 들숨을 쉴 때, 나는 큰 바위 꼭대기에 서서 파도 가장자리에서 반짝이는 무엇인가를 보았다. 작은 보물이거나, 무지갯빛 조개껍데기 조각이거나, 아니면 그냥 분실물일지 모를 한 줄기 빛이 눈길을 사로잡았다. 직접 가서 확인해보는 수밖에 없었다. 날카로운 바위 위를 비틀거리며 걸어가서 빛을 뿜어내는 물체에 다가갔다. 그리고 정어리sardine를 만났다.

물론 그때의 나는 그 물고기가 정어리라는 사실도, 해안에서 정어리를 발견하는 게 얼마나 흔하지 않은 일인지도 모르고 있었다. 본래 정어리는 먼바다에 산다. 어쩌면 길을 잃었던 걸까. 아니면 참치tuna 떼에 쫓기고 있었던 걸까. 당시 지중해에는 참치가 많지 않았으니까, 이 또한 흔하지 않은 일이었다. 혹시 살아 있는 정어리를 본 적 있는가? 생명을 지닌 정어리가 얼마나 아름다운지 아는 사람은 별로 없을 것이다. 살아 숨 쉬는 정어리는 온통 은빛으로 반짝거리고, 검은색 등을 따라 푸른색 띠가 꽃 장식처럼 이어진다. 옆구리는 넓은 황금빛 선 하나로 물들어 있었다. 정어리는 눈부시게 빛나고 있었지만, 당장이라도 부서질 듯 약해 보였다. 한눈에 반했어도, 건드리지 말고 눈으로만 봐야 했던, 상점에 진열된 양철 장난감처럼 말이다. 정어리는 파도에 시달린 듯 옆으로 구르고 있었다. 최상의 컨디션은 아니었을 것이다. 아주 작은 새우

shrimp조차 내가 지나갈 때 살짝 이는 물결에도 잽싸게 도망치는데, 정어리는 내 존재를 전혀 불안해하지 않는 듯이 보였다.

　　나는 뜰채로 조심조심 정어리를 건져 올린 뒤 물을 채워놓은 플라스틱 양동이에 집어넣었다. 놀라운 바다의 선물이 눈을 동그랗게 뜨고 몸을 뒤척이는 모습을 내려다보았다. 정어리도 흰색과 검은색이 섞인 눈으로 나를 뚫어지게 쳐다보았다. 내게 무슨 말을 하고 싶은 눈치였다. 나는 가만한 정어리를 보며 내게 털어놓을 비밀이 있으리라 느꼈다. 깊고 푸른 바닷속 세상에서 살아가는 삶과 정어리만의 낯선 일상에 대한 비밀을. 정어리라는 존재와 정어리가 세계를 지각하는 방식이 궁금해졌다. 정어리는 어떤 풍경 속에서 어떤 생물들과 함께 헤엄칠까? 이따금 다른 정어리와 얘기를 나눌까? 불현듯 깊은 바다가 더는 두렵지 않았다. 나는 깊디깊은 세계의 소리 없는 비밀에 매혹당하고 말았다.

　　정어리 한 마리를 만났을 때는 바닷속 신비로움을 향한 열정이 지속될 줄은 상상도 하지 못했다. 그 열정은 바닷속 세상을 발견하라며 매번 나를 더 먼바다로 이끌었다. 그리고 바닷속에 사는 매력적인 생명체들은 조용하기는커녕 하나씩 내게로 다가와 자신들의 이야기를 들려주었다.

　　바닷속 생물들은 어떻게 소통할까? 세계를 어떤 감각

으로 받아들일까? 우리의 삶, 우리의 감정과 비슷할까? 나는 이 수수께끼를 풀고 싶어서 과학자가 되었다. 내 연구 분야인 유체역학과 생체역학은 해양 세계를 바라보는 새로운 관점을 열어주었다. 덕분에 나는 놀라운 해답을 얻었고, 참신한 질문을 더 많이 품을 수 있었다.

그 후로 나는 이 매혹적인 생물들을 관찰하기 위해 밤낮없이 수영을 하고, 항해를 하고, 심지어 잠수까지 했다. 물고기가 무서워서 샌들이 바닥에 닿지 않는 곳에는 들어갈 엄두조차 내지 않던 시절의 나는, 훗날 내가 하루 종일 물고기를 연구하고, 시간 날 때마다 그들을 만나러 가게 되리라고는 전혀 예상하지 못했다. 언젠가 고래whale의 노래를 듣고, 지중해 향고래sperm whale를 보러 여행하고, 앨버트로스albatross의 수를 세거나 쥐가오리manta ray와 함께 놀게 될 줄은 몰랐다. 더욱이 도시 한가운데에 위치한 집 바로 근처에서 훨씬 놀라운 물고기들을 찾아내리라고는 상상도 할 수 없었다.

바다에서, 나는 바다의 비밀을 밝혀내는 과학자나 바다와 조화롭게 살아가는 어부, 바다를 보호하며 시간을 보내는 자원봉사자 등 자신과 바다의 운명을 연결 짓는 사람들을 만나기도 했다. 바다 밑 세계를 더 잘 이해하고 보호하기 위해, 이 생태계에서 나의 위치를 다시 확인하고 바다와 조화롭게 대화하기 위해 그들의 계획에 동참했다. 그들에게서 돌고래dolphin가 보내는 신호를 읽거나 참치를 잡는 방법, 바다표범sea leopard에게 접근하는 법도 배웠다. 그러면서 다른 이야기들도 발견했다. 그것은 이미 글로 쓰여있거나 사람들이 들려준 이야기인데, 과학 또는 전설 속의 마법으로 설명되기도 하고, 참신한 발견 내지 구전된 시를 통해 흥취가 더해졌다.

그런데 이 모든 이야기는 내게 무엇을 가르쳐주었을까?

해저 세계는 매혹적인 아름다움을 나눠주는 것 외에도, 또 다른 지식을, 특히 우리 자신에 관한 지식을 제공해 준다.

바다에 사는 생물들은 내게 무엇보다 말하는 법을 알려주었다. 말을 주고받는 자기만의 방식 그리고 고요해 보이는 바다가 이야기를 만들어내는 방식은 말의 기술을 일깨워주었다. 정말 놀라울 정도로 웅변적인 바다 생물들은 자신들의 이야기를 털어놓았고, 내가 그 이야기를 할 수 있는 욕구와 영감도 불어넣어 주었다. 바로 바다 생물들 덕에 내가 발견한 이야기를 이 책 속에서 여러분과 함께 나눌 수 있게 되었다.

《정어리의 웅변》은 바다와 역사, 과학과 전설의 세계 저 깊은 곳으로 우리를 데리고 내려갈 것이다. 마치 비밀결사처럼 보이는 엄청난 규모의 안초비anchovy 떼를 소개하고, 고래들이 나누는 대화에도 함께 참여할 것이다. 또 구멍 속에서 150년을 살았던 올레라는 이름의 장어eel, 오스트레일리아 원주민들과 친구처럼 친하게 지낸 빨판상어remora같이 매우 특이한 바다 생물도 만나게 될 것이다. 우리는 잠시 시간을 내서 가리비scallop가 부르는 노래와 수주고둥들의 아주 오래되고 특별한 연대기에 귀 기울일 것이다. 산호coral의 면역 작용과 놀래기wrasse의 성전환 등 최근에 이루어진 과학적 발견도 설명할 것이다. 그리고 선원들의 옛 전설을 들으며 믿기 힘든 현실보다 더 현실 같은 꿈속으로 종종 빠져들기도 할 것이다.

내가 처음으로 잠수한 날 물속에서 나오며 느낀 점을 여러분도 이 책을 덮으며 느꼈으면 좋겠다. 책을 읽고 머릿속을 이야기로 가득 채우고, 그 이야기를 누군가에게 들려주고 싶다는 참을 수 없는 욕구도 느낄 수 있기를…. 예전과는 완전히 다른 방식으로 바닷가에서 휴가를 보내고, 수족관을 둘러보고, 해산물 플래터와 참치 샐러드 샌드위치 그리고 집에서 키우는 금붕어goldfish를 새로운 시선으로 바라보게 되기를 바란다.

정어리는 양동이 안에서 이리저리 움직이더니 푸른색과 주홍색 불가사리starfish들이 그려진 안쪽 면을 따라 뛰어올랐다. 다시 바다로 돌아가고 싶은 듯했다. 나는 정어리가 든 양동이를 들고 바다가 육지 쪽으로 들어와 있어서 물이 더 깊고 잔잔한 곳으로 걸어갔다. 바위 위에서 양동이를 엎어버리는 불상사가 생기지 않도록 몸의 균형을 아슬아슬하게 유지하며 움직였다. 작은 모래사장에 다다른 나는 양동이에 든 정어리를 부서지는 파도에 휩쓸리지 않게 조심히 물속으로 흘려보냈다.

먼바다를 향해 머뭇거리며 멀어져가던 정어리는 내게 따라오라는 신호를 보냈다. 함께 가자고 하더니 어느새 자기 이야기를 들려주기 시작했다.

정어리는 어떤 방법으로 내게 말을 건넸을까? 그건 비밀로 하겠다. 책의 다른 내용은 백 퍼센트 사실이다. 엄격하게 검증된 과학적 연구 결과와 고대 작품의 인용, 많은 증인이 확인해준 개인적 일화나 관찰 등 모든 내용의 출처는 신뢰할 수 있고 검증도 가능하다. 다만 정어리가 자신의 이야기를 어떤 방법으로 내게 들려주었는지는 내 말을 전적으로 믿어주었으면 좋겠다.

그건 아주 오래전 일이어서 지금은 기억이 또렷하지 않다. 하지만 모든 이야기의 첫머리는 조금 이상한 법이다. 그렇지 않다면 어떻게 멋진 이야기가 태어날 수 있을까? 어린 시절의 나처럼, 그냥 같이 따라가보자. 내가 바닷속 세계를 바라보는 방식과 우리 세상을 이해하는 방식을 바꿔놓은 정어리의 이야기에 함께 귀 기울여보자.

그날 바닷가에서 돌아온 나는 저녁 내내 차고 트렁크에서 잠수 마스크와 스노클을 찾았다. 스노클로 물을 먹게 될

까 봐, 잠수 마스크가 너무 커서 물이 들어올까 봐 살짝 두려
웠다. 나는 잠수 마스크의 보호 유리판에 얼굴을 갖다 대는 순
간까지만 해도 새로운 세계의 문턱에 서 있다는 사실을, 결코
완전하게 뭍으로 다시 올라오지는 못하리라는 사실을 알 수
없었다.

목차

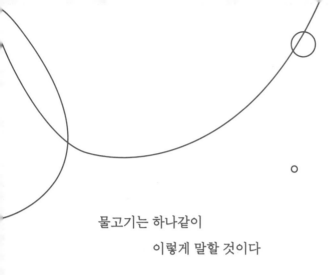

물고기는 하나같이
이렇게 말할 것이다

바닷속에서 물고기들이 느끼는 감정을 이해하기 위해 잠수하는 곳
조상들이 물속에서 말하는 법을 배우지 않았을까 묻게 되는 곳
바닷속에서는 색깔과 향기가 언어라는 사실을 관찰하는 곳
보이지 않는 세계에서도 소리 없는 대양의 자막을 읽을 수 있음을 알아차리는 곳

가장 어려운 건 어깨까지 잠기는 깊은 바닷물 속에 들어가는 일이다. 물이 장딴지나 허리 정도일 때는 아직 땅 위에 있

다는 느낌이 든다. 태양의 온기에 의지할 수 있다. 그러나 물이 어깨 위로 올라오면 여지없이 오한이 느껴진다. 몸을 감싸는 가혹한 추위 속으로 과감하게 들어간다. 물속으로 뛰어든다.

처음 잠수했을 때, 나는 차가운 물줄기 때문에 이상하게 큰 소리를 내뱉었다. 잠수 마스크를 쓰고 있었더니, 스노클로 막힌 입에서 코끼리가 우는 듯한 쉰 소리가 났다. '물이 차갑다'는 단순하면서도 예상치 못한 상황에 빠진 나는 원시인이 투덜대는 소리처럼 놀라움을 표현했다. 입에는 플라스틱 관을 물고 눈에는 안전유리로 만든 보호경을 쓰고 있었다. 수면의 반사광 아래 숨은 부옇던 세계가 단번에 또렷해지면서 새로운 세계가 나타났다. 적대적이었던 물은 그 경계를 통과하자 투명해졌고, 천천히 나를 이끌었다. 물속에서 나는 날 수 있었고, 볼 수 있었고, 숨을 쉴 수 있었다. 하지만 말은 할 수 없었다. 스노클은 내 목소리를 원시적인 날것의 숨소리로 바꿔놓았다. 스노클을 물고 단어를 발음하면 동물의 울음소리처럼 들렸다. 바다와 암묵적인 합의라도 한 듯했다. 나는 바다가 감추고 있던 것을 보고, 바다의 소리로 귀를 가득 채우고, 바다의 중력으로 이리저리 흔들리며 떠다닐 수 있는 힘을 얻었다. 그렇지만 바닷속에서 말로 표현할 수 있는 능력은 잃어버렸다.

이상한 느낌이 들었다. 새로운 세계를 정복하기 위한 진전 같기도 하고, 인간이 아직 언어를 사용하지 않던 원시 상태의 멀고 먼 기원으로 돌아가는 것 같기도 했다.

물은 인간에게 적대적이고도 호의적인 환경이다. 또한 우리는 물속에 뛰어들기를 두려워하지만, 이미 물속에 들어갈 준비가 완벽하게 되어 있다. 인간의 신체 기관은 놀랄 만큼 잠수에 잘 적응한다. 차가운 물을 얼굴에 살짝 대기만 해도, 자동으로 즉시 잠수 반사가 일어나 심장박동이 20퍼센트쯤 감소하면서 잠시 호흡을 멈추고 잠수할 수 있다.

우리 몸은 물속에서 사는 데 많은 장점이 있다. 어쩌면 운 좋은 우연의 결과라고 보기 어려울 정도다. 일부 인류학자들은 우리 조상이 물속에 들어가기 위해서 유인원과 다르게 진화했을 것이며, 그래서 인간이 되었다는 가설을 내놓기도 했다.

만약 가설이 잘못됐다면, 우리 몸에 길고 수북한 털이 없는 반면, 영장류 중에서 유일하게 피하지방층과 피부를 촉촉하게 만드는 엄청난 피지선 수백만 개가 있다는 사실을 어떻게 설명할 수 있을까? 지상에 사는 어떤 동물도 이렇게 많은 피지선을 가지고 있지는 않다. 쓸모없어 보이고, 우리와 원숭이를 구분하는 우리 몸의 모든 신비로운 특징은 수중 환경에 적응한 결과라고 볼 수 있을 것이다. 바다에 서식하는 포유류처럼 인간의 피부도 매끈하다. 피지는 피부를 기름칠하고, 따라서 우리 피부는 물이 스며드는 것을 막아준다. 또 지방질은 추위로부터 몸을 보호해준다. 신기한 점이 하나 더 있다. 갓난 아이는 물속에서 반사적으로 숨을 참고 몸을 위로 한 채 떠다닐 수 있는데, 어린 침팬지는 물속으로 가라앉아 익사하고 만다. 200만 년 전 인간 종種이 미래의 침팬지 종과 분리될 때쯤, 우리 조상은 사바나의 건조한 환경에서 살아남기 위해 바닷가나 늪에서 영양을 섭취했을 것이다. 그때 그들은 더 오랫동안 서 있으려고 두 다리로 일어섰을 것이다. 수련 줄기나 뿌리, 조개를 찾아 잠수하면서 숨을 조절하는 법을 배웠을 테고, 그러다 후두가 내려가고 성대가 생성되는 쪽으로 진화했을 것이다. 인간의 진화에서 결정적인 능력인 직립보행과 말하기의 토대를 획득한 것은 아마도 잠수를 하면서였을 것이다.

그런데 어디까지 믿어야 할까? 1960년대에 널리 퍼진 이 가설은 불신과 논쟁을 불러일으켰다. 완전히 바다에서만 이루어지는 생활 방식에서 '미싱링크'♦를 거쳐 진화했으리라는 가설은 근거 없는 과장처럼 보인다. 그러나 아프리카의 화

♦　　생물이 본래 종에서 다른 종으로 분화 또는 진화할 때의 중간과정이나 과도기적 모습을 뚜렷이 보여주는 화석을 중간단계 화석이라고 하는데, 이러한 화석 중에서 아직 발견되지 않은 것을 일컫는다.

석에 관한 최근 연구는 수생 환경이 기원전 250만 년 전에서 150만 년 전까지 남아프리카에서 일어난 인간의 진화에 매우 중요한 역할을 했다고 암시한다. 건기에 살아남으려면 반드시 물에 적응하여 오아시스에서 영양을 섭취해야 했을 것이다. 물에 적응하면서 초기의 인간들은 나무로 뒤덮인 숲을 벗어나 평원으로 모험을 떠날 수 있었을 테고, 나머지 세계도 정복할 수 있었으리라.

인간은 나무에서 내려왔지만, 결코 바다를 온전히 정복하지는 못했다. 물속에서 물고기는 하나같이 이렇게 말할 것이다. 우리는 모든 것을 볼 수 없다고. 왜냐하면 보는 것만으로 충분하지 않으니까.

나는 처음 몇 번 잠수했을 때부터 바위투성이인 지중해 밑바닥에서 다양한 바닷속 생물을 발견하고 감탄했다. 놀래기와 감성돔sea bream 떼가 마치 공연하듯 이끼와 바위 위를 선회하는 광경을 보고 매료되었다. 연극 무대처럼 빛과 움직임이 가득한 영상과 귓가에 신비롭게 울리고 튕기는 소리가 있었다. 나는 온전히 공연 한 편을 보았다고 생각했는데, 사실

내가 본 것은 그 일부였을 뿐이다. 자막을 만들 수 없는 무성 영화 한 편을 관람했을 뿐이었다. 나는 이 영상 너머 다양한 대화가 숨겨져 있다는 사실을 몰랐다.

바다의 자막은 이를테면 향기의 언어로 작성된다. 바다 밑에서는 향기가 하나의 언어다. 물은 우리가 맡을 수 없는 냄새로 가득하다. 잠수하면서 우리는 대부분 코를 막는다. 수영 고글을 쓸 때보다 훨씬 더 편한 잠수 마스크를 쓸 때를 제외하면. 코를 막는 이유는 이렇다. 잠수하다가 물을 마시면 정말 거북한데, 물이 코로 들어가면 더더욱 괴롭기 때문이다. 우리 콧구멍으로는 바다의 냄새를 맡을 수 없다.

그렇지만 파도는 냄새나는 분자를 무수히 운반한다. 물고기는 냄새의 성운에 거주하며 분자의 냄새를 느낀다. 물에서 멀리 떨어진 곳의 미세한 냄새는 물론 여러 냄새의 미묘한 차이까지 구분한다. 어떤 냄새에는 기억이 배어 있다. 예컨대 우리가 장소와 오래된 책, 계절, 사람들을 향으로 기억하면 그 향을 다시 맡게 될 경우 지울 수 없는 감정이 되살아나는 것과 마찬가지다. 물고기의 기억은 후각과 관련된 것으로 가득하다.

대서양 연어atlantic salmon는 그린란드의 물에서도 자기가 태어난 프랑스 브르타뉴 지방의 작은 강에서 나는 냄새를 맡을 수 있다. 냄새를 따라 헤엄쳐서 강어귀를 찾아내는데, 몇

해를 거슬러 올라가야 하는 오래된 기억이다. 어릴 때 작은 강을 따라 올라가며 표면에서 부레를 부풀려 여름밤의 냄새를 흡수한다. 냄새 분자를 미세하게 농축시키는 작업이다. 그 작은 강에서 흘러온 대양의 물 몇 방울은 헤아릴 수 없이 많은 다른 강의 물방울들이 만든 거대한 덩어리에 희석된다. 그럼에도 연어는 기억 속 물 몇 방울을 알아보고 매번 그 지류를 찾아낸다.

냄새는 숱한 감정을 환기하고, 물고기들은 냄새를 이용해 서로 대화를 나눈다. 우리 눈은 헤엄치는 물고기밖에 보지 못해도 주변 바닷물 속은 감정이 담긴 진정한 향기의 보이지 않는 소용돌이로 가득 차 있다. 이 냄새는 물고기들의 정신 상태를 표현하는 페로몬이다. 스트레스와 사랑, 배고픔 등⋯. 냄새는 특정 물고기를 목표로 삼는데 이따금 예기치 못한 물고기가 불쑥 나타나 냄새를 가로채기도 한다. 예를 들어 작은 물고기가 풍기는 불안의 냄새는 친구들에게 위급을 알리기도 하지만, 포식자 물고기들의 식욕을 돋우기도 한다. 산호초에 사는 화려한 색깔의 작은 물고기인 자리돔damselfish은 이런 문제를 역으로 이용해 자신에게 유리한 상황을 만든다. 실제로 어떤 자리돔은 포식자에게 상처를 입고 붙잡히면 경보 분자를 더 많이 방출한다. 포식자를 더 많이 불러 모으기 위해서다. 모여든 포식자들이 먹이를 차지하기 위해 서로 싸우면, 자리돔은 혼란을 틈타 도망친다.

　　잠수 마스크를 쓰고 스노클을 입에 문 채 해저를 탐사하다 보면 내 몸이 꼭 하늘에 고정되어 있는 느낌이다. 날아다니면서 하나의 세계를 발견한다. 해안에서 멀어지면 멀어질수록 물은 점점 더 깊어진다. 더 먼바다에서 깊이 들어가면 해저의 색깔은 빛바랜 잉크의 똑같은 농담으로 합쳐질 때까지 점점 옅은 푸른색을 띤다. 이 푸른색은 바닷속 공연의 또 다른 자막인 보이지 않는 색깔들을 흐려놓는다.

　　물은 색을 사라지게 한다. 빛은 태양에서 나오며, 모든 색깔의 파장을 포함한다. 그런데 빛이 물을 더 깊이 통과할수록 빛이 만나는 물 분자 하나하나는 특정 색깔을 더 많이 흡수한다. 물 분자는 색을 무척 좋아한다. 특히 붉은색, 주황색, 노란색처럼 가장 '뜨겁고' 파장이 긴 색을 우선적으로 흡수한다. 수심 5미터 아래로 내려가면 붉은색은 모두 사라진다. 붉은색 물체는 푸른색에 녹아들어 색이 구분되지 않는다. 빛은 계속 내려가다가 수심 15미터에서는 노란색을, 수심 30미터에서는 초록색을 잃어버린다. 얼마 지나지 않아 오직 푸른색만 보인다. 바다는 수심 60미터를 넘으면 단색 쪽빛을 띤다. 그 뒤로는 푸른색도 사라지고 심해의 어둠에 휩싸인다. 수심 400미터에는 햇빛이 더 이상 닿지 못한다. 오직 발광생물만이 어둠을 밝혀준다. 그러나 빛이 물속으로 들어갈 때는 눈에 보이지 않는 광선을 포함하는데, 바로 '푸른색보다 더 푸르고' 파장이 매우 짧은 자외선이다. 우리 눈의 수정체가 자외선을 차단하기 때문에 눈으로는 식별할 수 없다. 물고기는 우리가 오직 푸른색밖에 볼 수 없는 장소에서 자신의 세계를 밝혀주는 색깔을 지각할 수 있다. 어떤 풍경과 해양생물은 우리 눈에 흐릿하게 보인다. 하지만 자외선 감지 센서로 관찰하면, 해양생물의 화려한 무늬나 다채로운 패턴 그리고 줄무늬를 보며 감탄하게 될 것이다.

바다 밑에서 색은 하나의 언어다. 여러 종이 서로 얘기를 나누기 위해 상황에 따라 카멜레온보다 훨씬 효과적으로 색을 바꾼다. 물고기의 피부를 자세히 들여다보면 다양한 색을 띤 아주 작은 점들을 볼 수 있다. 이것은 물고기들이 원하는 대로 팽창하거나 수축할 수 있게 도와주는 색소세포다. 어떤 색의 색소세포를 팽창시킬지 결정함으로써 마치 픽셀을 고르듯 자신의 색을 선택할 수 있으며, 심지어 피부 패턴까지 바꿀 수 있다. 자신을 표현하고 대화하기 위해 여러 가지 신호를 사용하는 것이다. 아주 섬세한 소통 방법이어서 대부분은 수수께끼로 남아 있다. 색은 정보뿐만 아니라 때로 거짓도 전달한다. 연어의 눈 색깔처럼 자신의 성질을 표현하는 진짜 색도 있지만, 포식자의 눈을 모방해 거짓말을 하는 지중해 놀래기의 눈 모양 반점도 있다. 3D 편광 안경으로만 볼 수 있게 3D 영화를 코드화하는 것처럼 갯가재의 껍데기에는 코드로 만든 편광 신호가 있는데, 이것은 오직 갯가재만 해독할 수 있다.

청새치marlin 줄무늬의 자외선 색깔은 고등어mackerel의 눈을 가장 눈부시게 하는 파장을 정확하게 목표로 삼는다. 청새치는 자신의 기분을 줄무늬로 다른 청새치들에게 알릴 뿐 아니라, 고등어가 이해할 수 없는 눈부신 신호를 보내며 고등어 떼를 꼼짝 못하게 만들기도 한다. 두려움을 느낀 고등어들은 공 모양으로 촘촘히 모여들고, 청새치는 뾰족한 주둥이로 어려움 없이 고등어들을 사납게 공격한다.

색과 냄새가 흐릿하게 깔린 바다의 자막은 우리의 상상력에 도전하는 언어로 만들어진다.

나는 물속 소용돌이, 해류와 진동의 신호가 어떤 느낌인지 설명할 수 없다. 그러나 물고기는 자기 몸의 옆줄을 따라 그것을 감지할 수 있으며, 비행기가 남기는 흰 선 같은 흔적을 남긴다. 물고기의 옆줄은 유모세포로 덮여 있다. 세포의 가는 털은 해류의 영향으로 휘어지며 신경계로 정보를 전송한다. 이때 물고기는 주변 해류를 지도 형태로 머릿속에 그려볼 수 있다. 소용돌이와 물의 움직임을 해독함으로써 칠흑 같은 암흑

청새치와 고등어 떼

속에서도 길을 찾을 수 있다. 즉 자기 주변을 물의 흐름과 움직임이라는 형태의 이미지로 시각화하는데, 이 이미지는 색과 소리, 냄새로 만들어진 다른 이미지들과 겹쳐진다. 이는 우리가 오직 꿈속에서만 상상할 수 있는 세계를 읽는 방식이다.

나는 전기장의 세계, 전기가오리electric ray 같은 몇몇 물고기가 느끼고 신호를 주고받기 위해 사용하는 지각할 수 없는 이 실체를 어떻게 설명해야 할지 모르겠다. 마치 다른 차원에 있는 제2의 바다 같다. 여기서 생물체는 저마다 자신만의 특징과 생김새, 목소리를 지닐 것이다. 어둠이 암초가 있는 깊숙한 곳에 도달하면, 상어shark들은 제2 세계의 도움을 받아 사냥하며 길을 찾는다. 이 세계는 어떻게 상어들을 위해 빛을 뿜을까? 이 미스터리는 그들만의 조용한 비밀로 남으리라.

다른 수많은 비밀 세계의 존재는 여전히 가설로 남아 있다. 이를테면 사람들은 몇몇 물고기가 자기장을 감지한다고 생각한다. 회유어가 길을 찾기 위해 몸속의 나침반 능력을 이용한다는 추측은 지각할 수 없는 거대한 바다 공연에 한 번 더 자막의 층을 덧붙이는 것이리라. 자기장을 감지하는 것은 공간에서 자신의 위치를 식별하는 하나의 방식이자, 거대한 자장이라는 지구가 내보내는 신호로 변형된 세상을 읽어내는 방식이다.

바다 밑 생물들이 은밀하게 이야기를 나눌 수 있는 방식이 다양하다고 질투하지는 말자. 우리에게도 서로 대화를 나눌 수 있는 방법은 많다. 목소리, 글, 몸짓, 이미지, 상징, 음악…. 우리의 감각에도 숨겨진 또 다른 세계들이 제공된다. 우리는 심지어 소통 수단이 지나치게 많다고 종종 불평한다. 문자 메시지에 메일로 답하고, 동시에 다른 소셜 네트워크에서 메시지를 보내지만, 결국 전화를 걸면 받지 않고 피한다.

해양생물들도 보이지 않는 수많은 네트워크로 동시에 대화를 시작한다. 그들의 이야기는 비가시광선으로 이루어진 색깔과 전자기장, 물의 진동, 페로몬 등 다양한 파동과 경로를 통해 전달된다. 오래된 전화기처럼 '옛날식' 대화도 한다. 전화가 없던 시절처럼 직접 만나 얘기를 나누기도 한다.

자, 귀 기울여보자.

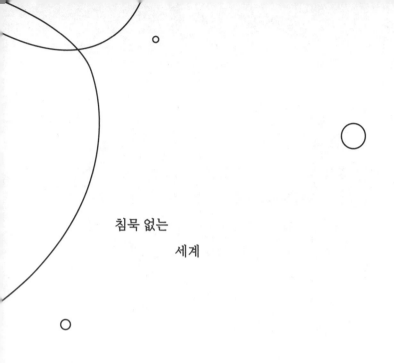

침묵 없는
세계

물이 들어가서 꾸르륵꾸르륵 소리를 내는 귓속에서, 멀리 있
는 화산과 보이지 않는 고래들이 노래하는 곳
해마sea horse의 실로폰이 스크래블♦ 게임에서 높은 점수를
따는 일 말고 다른 데 쓰이는 곳
바닷가재lobster가 바이올린을 형편없이 연주하는 곳

♦ 알파벳을 조합해서 단어를 만드는 게임으로 사용 빈도가 적은 알파벳을 사
용하거나 긴 단어를 만들 때 높은 점수를 얻는다. 프랑스어로 해마의 실로폰
은 xylophone de l'hippocampe로 표기하는데, 두 단어의 길이가 길고 사용
빈도가 적은 x와 y가 실로폰 한 단어에 들어 있어 높은 점수를 얻을 수 있다.

가리비의 노랫소리에 마음이 놓이는 곳

당신은 바닷물에 처음으로 머리를 담갔을 때, 낯선 소리를 들었다. 마치 선명하게 들을 수 없는 듯, 으르렁대는 소리와 금속성 소리가 뒤섞인 혼돈 같았다. 그러고는 귓속에 물이 들어간 채로 머리를 물 밖으로 내밀며, 당신은 아무 소리도 듣지 못했다고, 사람의 귀는 물속에서 소리를 듣기에 적합하지 않다고, 뒤섞인 소음은 그저 환청이라고 생각했다.

사실 우리 귀는 물속에서 완벽하게 기능한다. 당신은 방금 바다의 목소리를 들은 셈이다. 바다의 맨 처음 이야기를.
그 목소리에는 바다가 품고 있는 온갖 이야기가 뒤섞여 있다.

바다는 우리가 살아가는 공기보다 훨씬 더 많은 소리로 가득 차 있다. 소리는 물질의 진동이다. 물은 공기보다 밀도가 높아 더 잘 진동하고, 소리도 더 잘 전달된다. 소리는 물속에서 빛보다 더 멀리까지 여행한다. 약해지지 않고 수 킬로미터를 주파한다. 그래서 바다가 내는 소리에는 멀리서 온 소리가 뒤섞여 있는데, 누구의 소리인지 알 수 없다. 해변에서 들을 수 있으리라 상상도 하지 못했던 다양한 소리가 들린다.

그로 인해 우리는 멀리서 온 그 소리의 발신자들과 연결된다.

물이 가득 들어간 귀에서 끈질기게 나는 꾸르륵 소리는 몇 가지 소리로 만든 수프다. 수프를 요리할 때 갈아 넣은 채소처럼 여러 소리가 뒤섞여 있다. 여러 향이 모여 하나로 조향된 향수처럼, 한데 어우러져서 나타났다 사라지는 다양한 소리의 음색을 구분할 수 있다. 오케스트라를 구성하는 여러 악기처럼 바다에서 들려오는 각각의 소리는 그 소리만의 음색과 파장이 있다. 그리고 자기만의 음조로 이야기를 들려준다.

이러한 음조가 뒤섞이면 귀가 물에 잠겨 있는 듯한 혼란스러운 소음을 만든다. 음향 전문 해양학자들은 이를 주변 해양 소음이라고 일컫는다.

이제 소음에 귀를 기울여보자.

우선 저음이 들린다. 물속에서는 배경 소음이 낮게 들리는데, 코 고는 소리처럼 드르렁거리고 천둥소리 같기도 하다. 바닷속에서 가장 강력한 이 소리는 해안에서 부딪치는 파도와 수면을 휩쓸고 가는 바람뿐 아니라 지구와 지구의 갑작스러운 변화 같은 자연력의 울림이다. 극지의 빙산이 녹으면서 우지끈거리는 소리와 해령海嶺◆의 가장자리에서 지진이 일어나 삐걱거리는 소리, 먼 곳에서 태풍이 불며 나는 거센 바람

소리가 해당된다.

　이러한 천재지변이 내는 소리는 먼 거리를 여행하느라 음이 낮아지고 힘이 없어져서 바다 오케스트라의 배경음을 이룬다.

　또 불꽃이 튀는 듯한 마라카스♦♦의 탁탁거리는 소리도 들린다. 그것은 빗소리이며, 수면에서 기체와 액체 성분이 만나 거품이 만들어질 때 기포가 내는 소리다.

　수십 킬로미터까지 퍼져나가는 바이올린의 긴 비브라토♦♦♦ 소리도 들린다. 바로 배의 엔진이 삐걱거리는 소리, 쇳소리, 스크루가 획획 돌아가는 소리다. 고속도로만큼 시끄러운 바닷길의 소리는 훨씬 더 먼 곳에서도 들을 수 있다. 컨테이너 운반선은 항공기가 공중으로 날아오를 때처럼 물속에서 시끄러운 소리를 내며, 해상 운송은 번화가를 방불케 하는 강한 배경음을 만들어낸다.

♦　　　깊은 바다 밑에 산맥 모양으로 솟아오른 지형
♦♦　　흔들어서 소리를 내는 리듬악기의 일종
♦♦♦　기악이나 성악에서, 음을 상하로 가늘게 떨어 아름답게 울리게 하는 기법

훨씬 듣기 좋은 소리가 요란한 소음을 덮으려 하지만 아무 소용이 없다. 플루트나 트럼펫을 불 때 나는 소리도 들리는데, 이는 고래들이 내는 소리의 울림이다.

바다의 음악은 의미로 가득 차 있다. 그런데 과학은 바다의 음악을 이제 겨우 해독하는 단계다. 사랑의 노래가 있고, 새끼 고래를 달래는 자장가도 있으며, 청어herring들의 향연을 축하하는 곡도 있다. 어떤 멜로디는 심지어 오로지 음악의 즐거움을 위해 불릴 것이다.

고래들의 노래를 뚜렷이 구분할 수 있는 기회는 아주 드물다. 그러나 고래의 목소리는 주변 해양 소음의 상당 부분을 차지하고 있어 지구상의 모든 바다에서 들을 수 있다. 넓은 바다를 가로질러 이야기하기 위해 고래들은 자신의 목소리를 아주 멀리에서도 들을 수 있게 하기 때문이다. 고래들은 원거리에서도 대화를 나누려고 전용 수중 전화기를 개발했다.

고래들이 사용하는 전화 요금제는 압력과 기온에 따라 단순하게 정해진다. 바닷물에는 태양이 따뜻하게 데운 지표수와 차가운 심해수라는 두 가지 층이 있다. 수온약층이라고 불리는 이 구역의 경계에서는 온도가 급격히 떨어진다. 어쩌면 해수욕을 하다가 해저에서 '차가운 해류'와 발로 접촉하면서 그런 사실을 깨달았을 것이다. 먼바다에서는 이러한 현상이 한층 더 강해진다. 몇십 미터만 내려가도 수온이 단번에 20도나 떨어져버린다.

소리는 따뜻한 물과 차가운 물의 경계에서 갇힌다. 만일 소리가 수면을 향해 올라가면 물수제비를 뜰 때처럼 따뜻한 물 위로 튀어 오를 것이다. 또한 높은 수온에서 소리는 더 빨리 전파되고 궤적은 아래쪽으로 휘어진다. 반면 소리가 아래로 내려갈 경우 압력이 더 높은 심해의 물 위에서 튀어 오를 것이다. 그러면 소리는 더 빨리 전파되고 궤적은 위쪽으로 휘어진다. 결국 소리는 수온약층의 깊이에서 물덩어리에 의해 갇히게 된다. 고래들은 정확히 따뜻한 물과 차가운 물의 경계에 있는 음파통로에서 노래하고, 그 목소리는 수온약층 위를 물수제비뜨듯 튀어 올라 길을 잃거나 약해지지 않고 수천 킬로미터를 똑바로 뻗어나간다. 빛이 광섬유 속에 갇혀 있을 때 퍼져나가는 것과 정확히 동일한 방식이다.

지중해에 사는 참고래fin whale는 2천 킬로미터 이상 떨어진 곳에 있는 다른 참고래에게 세레나데를 불러주거나, 약속을 정할 때 심해음파통로라 불리는 통신망의 전화기를 이용할 것이다.

고래가 부르는 노랫소리를 명확하게 들으려면 운도 좋

아야 하고 자리도 잘 잡아야 한다. 그런데 고래의 노랫소리는 주변 해양 소음과 뒤섞인다. 그러니 우리는 지구상의 어느 바다에서든 머리를 물속에 담그면 고래의 음색을 듣게 된다. 바다의 소리를 탐색하고 각각의 음색을 분석하는 일은 고래학자들이 희귀한 고래들의 개체수를 추산하기 위해 사용하는 방식이다. 직접 관찰하기 어려운 동물들의 소리를 들을 때도 이 방식을 이용한다. 마치 이야기를 나누기 위해 만든 라디오 방송의 헤르츠 채널처럼 종 하나하나마다 자체의 목소리와 파장을 지니고 있다.

1989년 태평양에서는 세상에서 가장 외롭게 사는 고래의 음성을 수중 청음기로 포착하는 데 처음으로 성공했다. 그 고래는 참고래라 특정할 수 있는 노래를 불렀다. 노래의 주파수는 52헤르츠에 달했는데, 이는 튜바라는 악기의 최저음에 해당한다. 보통 10헤르츠에서 35헤르츠 사이의 음성 주파수로 소통하는 참고래들의 귀에는 지나치게 날카로운 고음이었다. 그 탓인지 이 고래는 수십 년 전부터 노래하고 말하며 계속 동료들을 부르지만, 전혀 대답을 듣지 못했다. 고래는 홀로 광활한 바다를 떠돌아다니고, 해마다 오직 수중 청음기만이 그 소리를 듣는다. 이 고래의 이상한 목소리가 어디에서 나오는지 아무도 모른다. 어떤 사람들은 그가 대왕고래blue whale

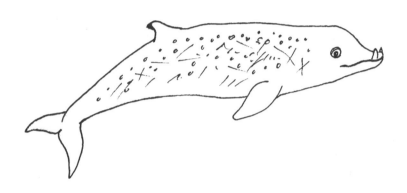

부리고래

와 참고래의 잡종이라 여기고, 또 어떤 사람들은 선천적인 기형이라 여긴다. 더러는 태어날 때부터 귀가 들리지 않아 목소리를 교정할 수 없었다고 말하는 사람들도 있다. 넓은 바다에서 그 언젠가 다른 고래들을 만난 적이 있었는지도 알 수 없다. 만일 만났다면 그들을 알아보았어도 말을 걸 수는 없었을 텐데, 그때 그의 기분이 어땠을지도 역시 알 수 없다. 그의 목소리를 들으면서 매년 혼자 이동하는 외로운 고래를 쫓아갈 수는 있지만, 아무도 그 고래를 관찰할 수는 없었다. 인간에게 이 고래는 그의 노래로만 존재할 뿐인데, 그 노래 때문에 다른 고래들에게서 고립되었다. 한편 텅 빈 태평양에서 고래가 기대를 품고 끊임없이 부르는 희망의 노래이기도 하다.

대서양에서는 고래의 한 종 전부가 식별할 수 없는 소리를 내지만, 어느 누구도 고래를 본 적이 없었다. 소리의 구조를 연구한 결과, 이 고래들은 극도로 소심한 동물인 부리고래beaked whale과에 속한다는 사실을 알게 되었다. 이 고래들은 수면에서도 결코 화려한 물줄기를 뿜어내지 않으며, 배가 다가오면 서둘러 잠수한다. 이상한 고래류다. 사라져가는 몇 마리만 관찰할 수 있었던 희귀한 부리고래들은 긴 갈색 몸에 얼룩덜룩한 반점이 있으며, 멧돼지처럼 어금니가 튀어나와 있다. 이 고래들은 바닷속 2,900미터까지 내려가 오징어squid를 사냥하는데, 해양 포유류 중에서 최고 기록이다. 우리에게 고래의 행동에 관한 많은 정보와 연구 기회를 제공하고, 심지어 지금 당장은 볼 수 없지만 새로운 종을 발견하게끔 도와준 것은 결국 이 신중한 동물들의 목소리다. 바다는 이처럼 알려지지 않은 이야기와 우리가 자신에 대해 얘기해주기를 바라는 두려움 많은 생물로 가득하다. 바다를 가득 메우고 있는 소심한 생명체들은 홀로 부르는 외로운 노래 속에 용기가 없어 함께 나누지 못한 경이로움을 간직하고 있다.

❋

바다 소음 중에는 이런 낮은 음조보다 높이 올라가는 노래도 있다. 바닷가나 암초에 가까이 다가가면 다양한 음색과 리듬, 음역이 섞여 있어 진짜 함께 부르는 듯한 소리가 들려온다. 그것은 바로 물고기들의 합창이다.

숲속에 사는 새들보다 더 수다스러운 물고기들은 저마다 자신만의 방식으로 시끄럽게 떠들어대고, 소리로 바다를 가득 메운다.

어떤 물고기는 물의 깊이에 따라 상하로 이동할 수 있게 도와주는 공기 주머니인 부레를 사용해 소리를 낸다. 물고기는 부레를 북처럼 사용한다. 밥을 먹고 나서 자기 배를 북처럼 두드리는 아이의 모습과 비슷한데, 누구나 언젠가 한번 해 보았을 법한 민망한 음악이다. 특수한 배 근육을 이용해 자신의 배를 살짝 두드리면서, 민어drumfish는 까악까악 울고 참바리grouper는 꿀꿀거리고 성대gurnard는 으르렁거린다. 이 소리들은 안개가 끼었을 때 신호를 위해 울리는 고동 소리나 드럼 솔로 또는 텔레비전 퀴즈에서 누르는 버저 소리를 연상시킨다. 어떤 소리는 바닷가에서도 들리고, 또 어떤 소리는 조용히 속삭인다. 대구 종류 가운데 코드cod라는 종은 해덕haddock이나 북대서양대구saithe 같은 종보다 수다스럽다. 민어는 퍼치perch보다 더 저음으로 노래한다.

전갱이trevally와 펌프킨시드pumpkinseed는 더 날카로운 소리를 좋아해 이빨을 갈고 삐거덕 소리를 내면서 멜로디를 연주한다. 해마는 머리 뒤쪽에 튀어나온 뼈들을 이용해 목을 긁으면서 실로폰 소리를 내고, 메기catfish는 가시를 진동해 날카로운 소리를 낸다. 조수가 남기고 간 웅덩이의 주인 행세를 하는 겸손한 망둥이goby는 어떤 유체역학적 메커니즘을 통해 단순히 아가미로 물을 내뿜으며 사랑의 노래를 부를 수 있는지 아직 밝혀지지 않았다.

물고기들이 가장 많이 사는 산호초 위로 해가 뜨면, 그들의 합창은 해피아워의 칵테일 바에서 나는 소음 수준과 비슷해진다. 하지만 멕시코 민어Gulf weakfish에 견주면 소음도 아니다. 민어가 산란을 위해 모여 무리를 이루면 200데시벨이 넘어서, 순간적으로 주변 고래들의 귀를 멀게 할 정도다.

바닷가를 따라가며 바다의 소리에 귀를 기울이다 보면, 무엇보다 금속 물체들이 타악기 연주처럼 부딪치는 소리와 서로 어울리지 않는 다양한 소리가 터져나온다.

바로 바다의 독주자들이 내는 소리다.

타악기 소리는 조개shellfish가 입을 닫을 때, 성게sea urchin가 바위에서 자신의 껍질을 울리면서 해조류를 뜯어 먹을 때, 새우가 집게를 부딪을 때 난다.

갯가재는 집게를 매우 강하고 빠르게 부딪칠 수 있다. 그로 인해 폭발이 일어나면서 공동현상으로 물이 부글거리고, 총소리와 비슷한 소리가 난다. 바다 밑에서 들리는 소리 중에서 가장 강렬하다.

바닷가재는 스스로 음악가라고 믿으며 더듬이로 바이올린을 연주한다. 떨리는 음을 내기 위해 현 위를 미끄러졌다가 멈추기를 되풀이하는 활과 같은 메커니즘으로 눈 밑에 있는 더듬이를 문지른다. 딱딱한 껍데기는 공명판처럼 소리를 증폭한다. 알려진 바에 따르면 바닷가재는 인간 음악가들과 더불어 이런 방식으로 소리를 내는 유일한 생물이다. 하지만 유감스럽게도 그들의 연주는 형편없어서, 문이 삐걱거리는 소음과 소리의 진동이 흡사하다. 이토록 참기 힘든 끔찍한 소음을 이용해 포식자를 물리친다.

　　금속 물질이 부딪치는 듯한 소리는 이따금 서로 뒤섞여 더 거대한 멜로디를 만들어내기도 한다. 가리비는 겁이 많은 생물인데, 자신을 먹어 치우는 문어octopus나 불가사리 앞에서는 특히 그렇다. 가리비는 늘어선 푸른색과 검은색 눈들로 끊임없이 주변을 살핀다. 조개에게 눈이 있다는 것은 아주 보기 드문 사치다. 가리비들은 조금만 의심스러워도 매우 빠르게 입을 열고 닫으면서 도망친다. 자신의 껍데기를 부딪쳐 소리를 내면서 추진을 받아 깊은 물속에서 헤엄친다. 사용한 물과 걸리적거리는 모래 알갱이를 내뱉기 위해, 물속에서 재채기를 하면서 껍데기를 부딪는다. 가리비들의 덜거덕 소리와 재채기 소리는 프랑스 브르타뉴 지방의 바다 밑에서 나는 소리의 풍경을 이룬다. 생브리외만에서는 캐스터네츠와 잔기침 소리로 진짜 연주회를 열어도 될 정도다. 가리비들이 서로 이야기를 나누려고 이 소리를 사용하는 것이 아니라면, 혹시 우리에게 할 얘기가 많은 건 아닐까? 가리비의 노래를 들으면, 가리비의 덜거덕 소리의 빈도를 알아내면, 그들이 사는 물이 깨끗한지 오염되었는지, 또는 바닷속에 가리비를 잡아먹는 포식자가 많이 사는지 아닌지를 알 수 있다.

가리비들은 해양학자들에게 바다의 상태는 물론 주변 생명체의 건강에 대해서도 알려준다. 가리비들은 재채기 연주회를 통해 그들의 신기한 삶이 품은 몇 가지 미스터리를 과학에 전해준다.

　　바다의 배경 소리에는 또한 우리의 청각으로 접근할 수 없는 것도 있다. 이를테면 엄청난 양의 물이 움직일 때, 물고기 떼가 이동할 때, 파도가 소용돌이칠 때 내는 소리처럼 너무 낮아서 들을 수 없는 초저주파음이 있다. 이와 정반대로 돌고래의 수중음파 탐지기가 내는 금속 부딪치는 소리나 물 분자가 열운동을 하면서 내는 소리처럼 너무 고음이라 구분할 수 없는 초음파가 있다. 이때 우리는 소리를 정의하는 일의 한계에 부딪히는데, 소리를 전달하는 매체로 여겨지는 물질입자들에 의해 열 소음이 발생하기 때문이다. 대양에서 가장 내성적이고 은밀하며 이론으로만 설명 가능한 소리가 있는데, 바로 물이 내는 소리다. 물의 움직임, 물에 사는 생물, 물의 흐름이 내는 소리가 아니라 물 분자와 물이라는 물질, 물의 존재 자체가 내는 소리인 것이다. 상상하기 쉬운 음악은 아니다. 물은 우리에게 어떤 이야기를 전하며, 그 목소리는 무엇과 닮았

올까? 우리는 과학을 통해 물소리가 완전히 무질서한 백색소음이며, 또한 날카롭기보다는 훨씬 강렬한 소리임을 알게 된다. 우리가 이러한 정보를 바탕으로 만들어낼 수 있는 이미지는 훨씬 더 불분명하다.

돌고래들은 이런 궁극적인 물의 소리를 들을 수 있는데, 그들에게는 그 소리도 바다 배경 소음의 일부일 뿐이다. 돌고래들의 관점에서 이 소음은 무엇보다 자신들의 수중음파 탐지기 신호를 방해하는 장애물일 뿐이다. 그러나 누가 알겠는가? 어쩌면 돌고래들은 불투명한 노래를 들으며 바다의 비밀을 캐고 있는지도 모른다.

주변 해양 소음은 우리가 볼 수 없는 다양한 생물의 목소리가 녹아든 소리의 광석이며, 우리에게 생물들의 이야기를 들려준다. 물 분자에서 격심한 풍랑까지, 새우에서 푸른 고래까지 연주회에서 저마다 기량을 발휘하고, 각자 아주 작은 음색을 바다의 배경음에 보탠다.

과학이나 상상력은 하나로 모인 소리에 의미를 부여하고, 어렴풋하고 경이로운 꿈을 해석한다. 물이 가득 찬 우리 귀에서 나는 꾸르륵 소리를 통해 바다의 온갖 목소리가 우리에게 이야기를 들려준다니! 그 울림을 우리가 들을 수 있다니! 이 얼마나 달콤한 현기증인가!

이 이야기가 들린다면 행운이고, 그 이야기에 귀 기울

일 수 있다면 경이로운 일이다.

우리 함께 숨은 이야기를 발견해보자.

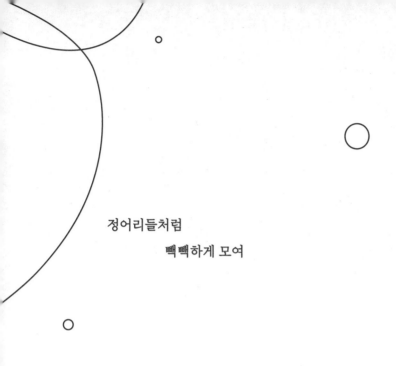

정어리들처럼
빽빽하게 모여

정어리가 바다의 거울이 되는 곳

청어가 방귀로 소설을 쓰는 곳

청소부 물고기가 공짜로 면도를 해주는 곳

우리도 이제 산호초나 다름없는 곳

바닷속 정어리 떼를 보기 전에 먼저 눈에 들어오는 것은 태양으로부터 잠시 빛을 빼앗아 순간적으로 빛나는 광채뿐이다. 정어리는 많은 수가 서로 다닥다닥 붙어 있어도 눈에 띄지 않는 방법을 알고 있다. 정어리의 등은 바다처럼 파랗다.

그래서 위쪽에서는 아무도 정어리를 볼 수 없다. 아래쪽에서 보면 정어리의 진주모빛 배는 하늘의 빛 속으로 사라져버린다. 옆에서 보면 마치 거울처럼 빛을 반사한다. 푸른 바닷물 속에서 정어리는 주변 색을 반사한다. 그러면 이 물고기들은 바다 풍경 속에 녹아든 주변의 이미지, 즉 푸른색 바다에 지나지 않는다.

정어리가 은빛을 띠는 것은 '스트라툼 아르젠테움Stratum Argenteum', 즉 다양한 물고기 종의 투명한 비늘 아래 있는 피부층 덕분이다. 반짝이는 피부는 단순한 거울 이상이어서, 가장 완벽한 거울보다 빛을 더 잘 반사한다. 빛은 입사각에 따라 금속이나 거울, 유리 따위의 반사 물질에서 어느 정도 강하게 반사된다. 그러나 모든 각도에서 똑같이 강하게 반사되지는 않는다. 이는 빛의 보이지 않는 기본적인 속성, 즉 편광偏光 때문이다. 물체 위에서 반사된 빛은 편광된다. 즉 전기장은 반사하는 물체가 내보내는 전자의 진동에 따라 정해진 방향으로 진동한다. 따라서 빛이 물체의 표면에 정확하게 어떤 각도로 도달해야만 반사될 수 있다. 반사체는 주변과 구분되는 불규칙한 반사광을 내보낸다. 결국 물체의 몇몇 부위에서만 빛을 발할 뿐이다. 그리고 편광된 빛이 만들어낸 반사광은 편광 선글라스의 필터 속에서 사라진다. 선글라스가 반사광을 제거할 수 있는 이유는 바로 이런 현상 때문이다.

정어리 떼

그러나 정어리의 껍질에 도달한 빛의 반사광은 다르다. 정어리의 껍질은 빛을 반사하는 구아닌[◆] 결정으로 이루어져 있다. 결정은 각각 다른 각도에서 빛이 편광되는 두 개의 다른 형태를 지닌다. 빛은 어느 방향에서 비치든 스트라툼 아르젠테움의 결정 가운데 하나에 의해 오롯이 반사된다. 모든 각도에서 균일하게 반사되는 완벽한 거울이다. 자신의 껍질에 반사되는 세계 속으로 완전하게 녹아들 수 있다. 어느 누구도 정어리에게 반사된 반영과 바다를 구분할 수 없다.

대부분의 물고기처럼 정어리도 은빛 껍질에 비늘이 있어 자신을 보호할 수 있다. 비늘은 물고기의 역사다. 나무줄기를 자르면 보이는 둥근 나이테처럼, 물고기가 성장하면서 비늘도 점점 동심원 모양의 테가 늘어난다. 테 하나하나는 물고기가 살아온 삶의 일화다. 좁은 테는 혹독한 겨울에 생기고, 넓은 테는 날씨가 좋은 여름에 빠르게 성장하면서 생긴다. 어떤 테는 산란기의 기억이고, 회유성 어류의 경우 바다와 담수의 경계선을 통과한 기억이다. 물고기의 비늘에는 그가 살아온 삶이 요약되어 있다. 만일 비늘 하나가 뽑히면 제로 상태에서 새로운 비늘이 자라기 시작한다. 이 비늘은 물고기의 역사

◆　핵산을 구성하는 성분인 퓨린 염기의 하나

를 다시 시작한 다음, 자신의 과거를 베끼지 않은 속편을 써나
갈 것이다.

정어리를 주의 깊게 살펴보면 몸 전체가 은빛을 띠고
있지 않다는 사실을 알 수 있다. 대체로 정어리의 머리 뒤쪽에
서 옆구리를 따라 연한 검은색 점들이 한 줄 있다. 이 작은 점
들은 무리를 지은 정어리들이 서로를 더 쉽게 알아볼 수 있게
해주는 표시이며, 자신들의 항해를 더 잘 조직하게 도와준다.
무리를 이룬 정어리 떼의 밀도는 1세제곱미터당 열다섯 마리
정도다. 정어리의 크기를 생각해보면 러시아워에 지하철에
모여 있는 승객들의 밀도보다 네 배 더 높다. 그렇지만 지하철
상황과 달리 정어리는 결코 반대 방향으로 헤엄치지 않을뿐
더러 옆에 있는 정어리들과 부딪치지도 않는다. 최소한의 무
질서나 혼잡을 야기하는 일도 절대 없다. 굳이 서로에게 말할
필요도 없다. 그냥 각자 알아서 거리와 속도를 유지한다.

그저 가장 가까이에 있는 정어리들만 주시하면서, 이
웃한 다른 정어리들이 움직이면서 만드는 물의 흐름에 신경
쓰며 보조를 맞출 뿐이다. 정어리는 가장 완벽한 웅변 기술을
갖추고 있다. 슬쩍 움직이기만 해도 모든 것을 말한다. 힐끗
보기만 해도 모든 것을 알아듣는다. 오케스트라의 지휘자도
필요 없고, 전체를 위한 대형隊形도 필요 없다. 가까이 있는 정

어리들끼리의 상호작용만으로도 정어리 떼 전체가 저절로 조직된다. 그리하여 정어리 떼 수백만 마리가 자동으로 정렬하거나 주사위의 오점형을 이루어 한 치의 오차도 없이 동시에 헤엄친다. 정어리들이 함께 움직이는 모습은 복잡하고 다양한 동작을 정교하게 하는 수중발레를 떠오르게 만든다. 한 나라의 인구수만큼 많은 정어리 떼는 만장일치로 이런저런 결정을 내릴 수 있는 하나의 존재처럼 이동한다. 가족이나 몇 명 안 되는 친구들끼리 여행지나 식당을 정할 때 오랫동안 망설이거나 논쟁을 벌이는 경우가 자주 있다. 하지만 수백만 마리나 되는 정어리 떼는 토론 한 번 없이 자연스럽게 결정한다. 정어리 떼는 포식자가 나타나면 한꺼번에 술수를 쓴다. 즉 공격자를 당황하게 하려고 움직이는 분수처럼 둘로 갈라진다. 또 정어리의 먹이인 플랑크톤plankton 요각류가 주변을 지나가면, 구성원 모두가 다 먹을 수 있게 최적의 전략을 택한다. 각각의 정어리가 행운을 누릴 수 있게 따로따로 흩어지거나, 반대로 먹이를 체계적이고 효율적으로 잡아먹기 위해 나란히 이동한다는 결정을 내린다. 이러한 집단 지성은 정어리 한 마리 한 마리가 함께하는 작은 행동이 모여 이루어낸 성과다. 그야말로 환상적인 민주주의의 형태가 아닐까. 군집을 이루는 정어리들은 모두 우두머리나 지배 집단 또는 어떤 지시도 없이, 심지어 무리의 길이가 수십 킬로미터에 달할 때조차 함께 헤엄치는 데 동의한다.

⊚

정어리의 사촌쯤 되는 청어는 정어리처럼 무리 지어 살긴 하지만 매너가 별로다. 어둠 속에서 다시 집결할 때 청어들은 서로를 시야에서 놓치지 않기 위해 오직 그들만의 방법으로 대화한다. 세련되지 못한 이 방법 때문에 하마터면 전쟁이 일어날 뻔했다.

1982년에 러시아 잠수함이 스톡홀름 근처에서 사고로 좌초했다. 스웨덴 해군은 1년 후 냉전이 끝나갈 무렵의 긴장된 분위기 속에서, 혹시 있을지도 모를 소련의 침략을 어느 때보다 더 경계하고 있었다. 대부분의 언론에서는 소련의 침략이 임박했다는 상황증거를 보도했다. 그때 스웨덴 해군의 '황금 귀'라 불리는 음파탐지기 여러 대가 포착한 소리를 분석하는 임무를 맡은 해군 장교들은 설명할 수 없는 미지의 신호를 탐지했다. 이 '특유의 소음'은 엔진 프로펠러의 소음과 같은 주파수 범위에 나타났다.

그러자 스웨덴군 참모부는 러시아 잠수함 함대의 매복을 좌절시키겠다고 확언하며 조사단을 급파했다. 잠수함 몇 척이 현지로 동원되었지만 소음의 추정 발원지와 무선 연락을 취할 수 없었고, 그 어떤 음파탐지기로도 발원지를 발견할 수 없었다. 적에게 고도의 은폐 기술이 있다고 믿어 의심치 않은 스웨덴군은 전투기와 전함을 파견하여 한 달 동안 해역을 철저히 감시했다. 모든 부대가 똑같은 관측을 보고했다. 즉 신호음이 들려오는 모든 지점에서 공기 방울이 수면으로 올라오는 것을 목격했지만, 잠수함은 포착하지 못했다는 것이다. 스웨덴 정부는 발트해에 자국 잠수함의 존재를 분명하게 부인했던 소련과 외교적인 분쟁을 일으키기 직전이었다. 그 후로 몇 개월, 몇 년 동안 '특유의 소음'이라 불린 이 소리와 관련된 사건을 여러 차례 재조사했다. 그 소리가 들릴 때마다 스웨덴 군인들과 외교관들은 진상을 밝혀 상황을 진정하려고 애썼지만 아무 소용 없었다. 스웨덴 해군 처지에서 볼 때 러시아 잠수함 함대가 무례함과 민첩함을 드러내며 경멸하는 것은 참을 수 없는 굴욕이었다. 그러나 온갖 군사적 노력에도 불구하고 정체불명의 소리는 계속해서 음파탐지기와 외교관계 모두에 공포를 불러일으켰다. 이러한 상황은 소련이 붕괴되고 한참 뒤까지 이어졌다. 1994년, 이 사건으로 신경이 극도로 날카로워진 스웨덴 정부는 결국 문제를 스스로 해결할 수 없음을 시인했다. 칼 빌트 수상은 보리스 옐친에게 왜 잠수함 함대의 이동을 통제하지 못하느냐고 비난하는 편지를 보냈다. 물론 옐친은 모든 걸 전면적으로 부인했다.

1996년이 되어서야 스웨덴군은 국방 비밀로 분류된 미스터리한 소리를 망누스 발베르그 교수가 이끄는 생체음향학자 연구진이 판별하도록 민간에 허가했다. '특정 집단의 소음'을 분석한 과학자들은 범인의 신원을 확인하여 러시아 잠수함의 누명을 벗겨주었다. 범인은 바로 청어 떼였다.

청어들은 밤을 보내기 위해 모여들면 아주 독창적인 방식으로 열심히 수다를 떤다. 서로 부글부글 소리를 내며 소통한다! 청어의 부력 균형을 맞추는 기관인 부레에는 가스를 생산했다가 자연적으로 배출하는 복잡한 관이 달려 있다. 방귀 콘서트는 복잡한 정보를 전달한다. 정보는 1천분의 32초에서 1천분의 133초마다 리듬감 있게 반복되는 소리 자극으로 구성되어 있다. 청어들은 이 정보를 이용해 (스웨덴 해군은 제외하고) 포식자는 듣지 못하는 주파수 범위 내에서 서로 소통한다. 게다가 청어들의 방귀는 무리 주변에 방울로 된 시처럼 아름다운 막을 만드는데, 그 덕분에 어둠 속에서 함께 모여 있을 수 있다. 청어들과 밤의 반사광 사이로 올라오는 진주 같은 거품은 조화로운 정경을 선사한다. 북유럽에서 촉발할 뻔한 전쟁보다 훨씬 더 평온하다.

⟳

　물고기의 공동체는 정어리 떼나 청어 떼처럼 같은 종이 무리 지어 다니는 것으로 요약되지 않는다. 바다에서 다른 물고기 종들끼리도 사회적 관계를 맺으며, 서로 닮지 않았어도 상대를 이해하기 위해 언어를 만들어낸다.

　산호초에 어둠이 내리면 곰치moray eel와 참바리가 사냥을 하려고 협력한다. 이들의 우화는 '여우와 황새'를 연상시킨다. 참바리 선생은 물속에서 갑자기 속도를 높일 수 있고 멀리까지 볼 수 있지만 그리 민첩하지 못하다. 이웃인 곰치는 슬그머니 구멍에 들어가 숨어 있는 먹잇감을 내몰 수 있지만, 동작이 느리고 눈도 별로 좋지 않다. 참바리는 배가 고프면 곰치를 찾아가 지느러미로 특별한 신호를 보낸다. 그러면 둘은 암초에 사는 작은 물고기들을 잡으러 나란히 떠난다. 참바리는 먹잇감을 발견하자마자 수직으로 움직이며 먹잇감이 숨은 곳을 코로 곰치에게 가리키고, 곰치는 먹잇감을 몰아내려고 산호 속으로 미끄러져 들어간다. 쫓기는 물고기는 바닷속 한가운데에서 도망칠 수도 없고, 울퉁불퉁한 산호 속으로 숨어들 수도 없다. 누가 먹잇감을 덥석 물어버릴지 두 포식자의 선택만이 남아 있을 뿐이다.

　그런데 참바리와 곰치의 협력은 두 동업자의 식욕 때

문에 한계에 부딪친다. 참바리든 곰치든 먹잇감을 먼저 잡은 쪽이 혼자서 모조리 먹어 치우기 때문이다. 함께 노력하지만, 그 대가는 나누지 않는다.

지중해에서 바위들 쪽으로 좀 더 가까이 다가가보면, 수직으로 떠서 움직이지 않은 채 지느러미를 이상한 방식으로 파닥거리는 다양한 어종의 물고기들을 이따금 관찰할 수 있다. 나는 며칠이 지나서야 이 장면 전체를 끈기 있게 관찰할 수 있었고, 이 물고기들이 청소 작업장에 있으며, 청소놀래기 cleaner wrasse의 집에서 약속을 기다리고 있다는 사실을 이해할 수 있었다. 청소놀래기는 자줏빛이 도는 검은색을 띤 작은 물고기로, 다른 물고기들에게 서식하는 기생충과 죽은 피부, 식사 찌꺼기를 제거해준다. 청소놀래기는 이런 것들을 먹고 산다. 물고기가 청소놀래기가 사는 바위 앞에 똑바로 서 있는 행동은 자신을 청소해주기를 바라기 때문이다. 지느러미를 세워서 보여주는 것은 청소놀래기에게 와서 자기 일을 하라는 허가의 표시로, 아가미를 비롯한 아주 중요하고 민감한 부위를 청소해도 좋다는 뜻이다. 청소 작업장은 물고기들에게 일종의 미용실 같은 만남의 장소다. 여기서는 다들 평화롭게 지낸다. 이 휴식 공간에서는 심지어 아주 큰 포식자들도 청소 놀래기나 자신들의 먹잇감을 공격하지 않는다. 청소놀래기가 사는 바위 앞에는 물고기들이 종종 길게 줄지어 서 있다.

다양한 종류의 청소 물고기들이 지구상의 여러 지역에서 산다. 열대지방의 청소놀래기들은 상업적 전략을 발전시키기까지 했다. 그들은 한 번도 만난 적 없는 새로운 고객과 단골을 구별할 수 있다. 단골을 만들기 위해, 줄이 조금 길 때는 처음 온 고객과 오랫동안 청소하지 않은 고객에게 우선권을 준다. 이런 방식으로 더 많은 단골을 만들어간다. 일부 서비스 업종은 여기서 아이디어를 얻어 더 많은 돈을 벌 수 있을 것이다.

그러나 모든 직업이 다 그렇듯 청소물고기들 중에 사기 치는 물고기들도 있다. 인도양 서쪽의 암초에서는 두줄베도라치mimic blenny라는 물고기가 복잡한 진화를 거쳐 청소놀래기를 모방할 수 있게 되었다. 두줄베도라치는 진짜 청소물고기와 똑같이 검은색 띠가 있는 푸른색을 띤다. 그러나 청소할 자격이 없다. 아니, 그 반대다. 이 악당은 자기가 먹고 살자고 불운한 고객의 피부와 지느러미 조각을 뜯어 먹는다. 모방범 두줄베도라치가 맹위를 떨치는 해역에 사는 물고기들은 청소 물고기를 훨씬 더 경계하고, 청소 물고기는 이런 상황 때문에 더 훌륭한 상인이 된다.

◎

해양 환경은 다양성과 복잡성 측면에서 우리 도시들을
결코 부러워할 것이 없는 거대한 공동체다. 이곳에서는 매우
다른 여러 생물체가 각자 자신의 역할을 맡고, 조화롭게 살아
간다. 어떤 종의 생존은 거의 대부분 다른 많은 생물의 도움에
좌우된다.

흔히 공동체를 설계하고 건설하는 산호는 상부상조의
정신을 누구보다 잘 실천한다. 산호는 동물과 식물, 광물이 맺
는 긴밀한 협력관계의 산물이다. 산호의 가지 하나는 수많은
작은 개별 동물들로 이루어져 있는데, 이는 아주 작은 말미잘
과 흡사하게 생기고 공동체를 이루며 사는 폴립◆이다. 폴립의
뼈대는 광물화하여 산호의 석회질을 이루고, 석회질은 열대
지방에서 볼 수 있는 흰 모래를 만들어낸다. 이러한 작은 유자
포동물◆◆은 세 가지 신기한 방법으로 영양을 섭취한다. 작은
촉수들로 플랑크톤을 주워 모을 수도 있고, 옆에 있는 산호 폴

◆   자포동물의 생활사의 한 시기에 나타나는 체형
◆◆ 히드라, 말미잘, 산호충 따위처럼 자세포를 가진 자포동물을 통틀어 이른다.
    자세포는 독액과 나사 모양의 자사를 내쏘아 몸을 지키고 먹이를 잡는다.

립에게 자기 위胃를 내밀어 잡아먹을 수도 있다. 또 가장 좋아 하고 더 평화로운 기술인 원예를 사용할 수도 있다. 산호의 폴 립은 자기 몸속에 황록공생조류라 불리는 미세한 단세포 조 류의 정원을 가꾼다. 조류는 광합성을 촉진하기 위해 환히 밝 혀진 거처와 비료 같은 질소 폐기물을 받는 대신 폴립에 산소 와 영양물을 제공한다. 산호초가 자라날 수 있는 것은 바로 이 러한 동물과 식물의 공생 덕분이다.

산호의 공생은 여기서 그치지 않는다. 오늘날 해양생 물학은 산호가 삶에 필수적인 다양한 생물과 수많은 융합적 협력관계를 유지하고 있다는 사실을 밝혀내는 중이다. 산호 는 질병에 대한 후천성 면역력을 지녔다. 즉 이미 맞선 적이 있는 감염으로부터 스스로를 보호하고 잘 버텨낼 수 있다. 그 러나 폴립은 항체를 보유하고 있지 않으며, 인간처럼 면역체 계도 갖추고 있지 못하다. 질병에 대한 저항력을 설명할 수 있 는 현재 통용되는 가설은 산호의 프로바이오틱스이다. 즉 우 리가 장내세균총◆을 보호하는 것처럼 폴립이 그 안에 보호하 는 다양한 박테리아 집단이 산호의 면역 기억을 보유하고 있 을 것으로 추정된다. 박테리아는 폴립과 공생하며, 폴립을 외

◆　　창자관 안에서 정상적으로 서식하는 미생물의 군집

63

부의 병원체로부터 보호해준다. 이때 박테리아는 병원체의 공격에 더 효과적으로 대응하기 위해 외부 병원체를 '기억'할 수 있다.

2019년 4월, 게놈과 미시 연구를 통해 이전에는 결코 관찰할 수 없었던 산호 폴립에 사는 또 다른 계통의 박테리아, 즉 산호질이 발견되었다. 산호질의 역할은 아직 알려지지 않았지만, 벌써부터 큰 의문이 제기되고 있다. 산호질은 산호속屬의 70퍼센트 정도에 존재하는 폴립의 위강♦에 존재하며, 특히 말라리아나 톡소플라스마병을 일으키는 위험한 기생물을 포함하는 첨복포자충류에 속한다. 그러나 산호질은 동류 기생물과는 달리 산호와 조화를 이루며 사는 듯 보인다. 비록 광합성은 하지 않지만 엽록소 생산에 필요한 유전자도 지니고 있다. 산호질은 식물과 기생물의 중간쯤 되는 진화 단계에 있는 것으로 추정된다. 이렇게 새롭고 불가사의한 공생, 보완적인 우정이나 협력의 이야기 속에는 틀림없이 산호의 삶에서 알려지지 않은 부분이 숨어 있을 것이다. 바다 기능의 핵심에 숨겨진 아주 작은 우정이.

산호의 폴립은 고립된 개체와는 거리가 멀다. 바닷속에

♦ 해면동물의 몸 중앙 부위에 있는 넓은 내강

서 융합적인 방식으로 살아가는 다른 미생물들과 분리될 수 없다. 서로의 결합 덕분에 믿을 수 없을 만큼 놀라운 바다 도시가 건설되었다. 산호섬과 산호초 군락에서는 새우부터 커다란 고래에 이르는 해양생물이 복잡한 공동체를 조직한다.

우리에게는 촉수도 없고 석회질의 외골격도 없다. 그렇다고 우리가 산호와 완전히 다를까? 인류 역시 복잡한 사회에서 살고 있으며, 그 사회의 구성원은 다른 이들이 없다면 아무것도 아니다. 우리의 문명, 우리의 도시는 상부상조라는 근본 원칙에 토대를 두고 있지만, 개인주의가 이상으로 여겨지는 시대에는 그 원칙을 잊어버리곤 한다. 그럼에도 인간의 몸 자체는 많은 동물의 몸처럼 산호의 몸과 비슷하다. 우리는 호모 사피엔스가 아니지만 서로 운명이 이어진 미세한 생명체들의 거대한 공동체를 몸속에 품고 있다. 소화기 계통부터 입이나 발바닥까지 인간의 몸은 우리 삶에 필수적인 박테리아로 가득 차 있다. 우리 몸에는 인간 세포보다 세 배에서 열 배 더 많은 비인간 세포가 있는 것으로 추정된다. 이런 수치를 의식하면 정체성과 관련된 문제를 깊이 생각하게 된다. 인간이란 모든 측면에서 하나의 거대한 공동체에 불과하다. 우리의 생각과 언어는 다른 곳에서 가져온 개념과 단어로 가득 찬 생태계 아니던가? 다른 사람에게서 빌려온 표현, 타인이 우리에게 주었고 우리 안에서 살고 있는 다양한 생각… 다른 이들의 이야기는 우리의 개인적인 이야기와 밀접한 관계를 맺으며 살아간다. 커다란 산호초 속에서처럼, 우리의 정체성 속에서는 다른 사람들의 말과 삶이 서로 가까이 지내고 함께 헤엄친다….

지중해의 암반에서 관찰할 수 있는 암석에서 자라는 노란색 '돼지이빨 산호pig-tooth coral'나 크고 물렁물렁한 꽃이 피는 '연산호alcyonacea'는 열대지방에서 자라는 산호보다 덜 화려하지만 똑같이 흥미로운 이야기를 들려준다. 그리스 신화에 따르면, 산호는 영웅 페르세우스가 메두사라고 불리는 괴물과 싸울 때 바다에서 태어났다. 메두사는 무시무시한 고르고네스의 세 자매 중 한 명으로, 머리카락 한 올 한 올이 실뱀이고 누구든 자신과 눈을 마주치면 돌로 만들어버린다. 페르세우스가 정어리의 스트라툼 아르젠테움에서 영감을 받았는지 아닌지는 아무도 모르지만, 그는 메두사를 절대 정면으로 쳐다보지 않기 위해 거울을 이용해야겠다는 생각을 해냈다. 아마도 빛이 반사광으로 편광되었기 때문에 돌로 만들어버리는 마법을 잃어버린 것 같다. 어쨌든 페르세우스는 거울을 활용한 방법으로 메두사의 목을 자를 수 있었다. 그가 승리의 기쁨을 만끽할 때 메두사가 흘린 피는 바닷가 해초 위에서 즉시 딱딱하게 굳어 산호가 되었다. 그리스 시인들은 그 사실을 알지도 못했지만 그리스 전설 속에 해초와 바위 그리고 촉수동물 사이에서 산호의 공생에 관한 개념을 이미 언급했다. 더욱이 그 이야기에 따르면, 산호는 메두사라고 불리는 괴물에게서 태어난 셈이다. 오늘날에는 해파리jellyfish와 산호가 자포과刺에 속하는 동물로, 외모는 다르지만 해부학적 기능은 같은 사실상 동일체나 다름없이 가까운 사촌이라는 사실이 알려져 있다. 실제로 대부분의 해파리는 일생 동안 바위에 붙어 살아가다가 폴립으로 변할 수 있다. 반대로 대부분의 폴립은 바닷물 속으로 들어가 해파리의 형태로 살 수도 있다(유충만 바닷물 속에 살면서 산호초를 만들어가는 산호들은 예외다). 어둠 속에 머무르는 메두사의 두 자매, 고르고네스들은 빛이 없어도 잘 자라는 심해 산호초의 한 목目에 자신들의 이름을 주었다.

해파리는 많은 해수욕객을 뭍으로 돌려보내고, 사람들은 그 핑계로 해변에 머무르며 선탠을 한다. 하지만 내가 잠수의 세계를 발견했을 때, 해파리들은 관찰하기에 매력적인 생물이었다. 해가 뉘엿뉘엿 넘어가고 바닷물이 차가워졌을 때도, 나를 물 밖으로 나오게 할 수 있는 것은 아무것도 없었다. 추위에 떨며 수건으로 몸을 감싸는 순간에도, 나는 다시 잠수해서 바다 생물들의 이야기에 귀 기울이고픈 마음뿐이었다.

그러나 유감스럽게도 해마다 찾아오는 여름 바캉스에는 끝이 있었다.

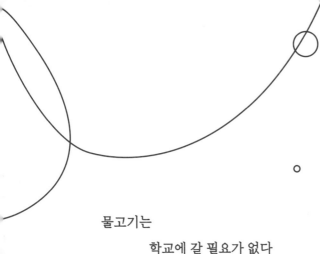

물고기는
학교에 갈 필요가 없다

가자미sole가 납작해지는 곳

안초비들이 자신의 알을 먹는 곳

고래들이 저마다의 노랫말을 들려주는 곳

어린 시절의 기억… "빗변의 제곱은 다른 두 변의 제곱
의 합과 같다." 하나하나 이어지는 선생님의 단조로운 목소리
를 들으며 힘겹게 의자에 앉아 있던 나는 이미 정신이 몽롱했
다. 매시간 학교 운동장에서 들려오는 희미한 종소리는 바캉
스가 끝났다는 분명한 사실을 내게 상기시켜주었다. 교실 밖

은 날씨가 화창했다.

학교는 왜 9월에 개학을 할까? 여름이 가장 아름다워지고, 잔잔한 바다가 햇살을 가득 머금고, 저물어가는 하루에 도전이라도 하듯 나뭇잎들이 울긋불긋한 색깔로 자신을 치장하는 순간을 일부러 선택했을까? 창밖으로 보이는 하늘색이 자유를 찾아 모험을 떠나라고 유혹하듯 한층 강렬하게 느껴지는 바로 그 순간이 아이들을 가두기에 가장 잔인한 계절이라는 걸 생각이나 했을까?

책상에 팔꿈치를 대고 두 손으로 턱을 괸 채 이등변과 정삼각형에 관한 따분한 용어를 한 귀로 흘려듣고 있었다. 나는 우리에 갇힌 동물처럼 내가 거기서 무얼 하는지조차 이해하지 못했다. 누가 내게 "너는 뭔가를 배우려고 여기에 있는 거야"라고 말했다. 선생님의 말이었는데, 그러니까 그는 뭔가를 알고 있으면서 학생들에게 질문만 던졌다. 그 반대는 없었다! 나는 이런 교수법을 도저히 납득할 수 없었다.

나는 반쯤 졸면서 파일에서 한쪽에 빨간색 세로줄이 그어진 바둑판무늬 A4 용지 두 장이 이어 붙은 종이를 꺼내고, 몽롱한 상태에서 HB 연필로 선을 그리기 시작했다. 규정상 모든 수업에서 HB 연필을 사용해야 했는데 이 연필에 관해서 알려준 사람은 아무도 없었다. 다들 H와 B가 무슨 뜻인지도 모르고, 6H나 8B처럼 희귀한 연필을 비롯한 다른 연필 종류에 대해서도 알지 못하고, HB 연필만 사용했다. 연필심 아래로 꿈꾸는 듯한 선들이 서로 얽혀 마음과 시선이 매달린 풍경을 만들어냈고, 수학 공식으로 뒤덮인 칠판에서 나를 조금씩 더 멀리 데려갔다. 선들은 바둑판무늬에서 벗어나, 연한 파란색과 빨간색 세로줄로 만든 창살들을 점점 사라지게 했다. 나는 그림이 물결치는 대로 이리저리 떠다녔다. 그때 정어리 한 마리가 연필심 아래로 나타나더니 차츰 커졌다. 흑연으로 열심히 종이를 문지르자 벌써부터 밀려오는 파도 소리가 들렸다. 교실이 바다 안개 속에서 흐릿해져갔다. 조금씩 커진 정어리가 나를 데려갔다.

　　물고기는 학교에 갈 필요가 없다. 물고기로 살아가는 데 필요한 모든 것을 다른 식으로 아주 잘 배우기 때문이다. 그렇지만 물고기의 어린 시절은 약간 복잡하다. 작은 정어리든 돔이든 참치든 아니면 황새치swordfish든, 대부분의 물고기는 겨우 1밀리미터밖에 안 되는 알에서 태어난다. 덜 발달한 아주 작은 치어는 아무 지표도 없이 깊은 바다의 플랑크톤 속에 흩어져 있다. 아주 작은 치어는 수영도 할 줄 모르고, 영양도 섭취할 줄 모르고, 심지어 숨도 쉴 줄 모른다. 그저 이리저리 떠다니면서 알의 노른자를 통해 영양을 공급받고 피부를 통해 분출한 산소를 얻는다. 무엇이든 다 배워야 하는 존재다.

그러나 치어는 금방 이해한다. 며칠 만에 몸을 수축하고, 움직이기 시작하며, 플랑크톤 사이에 있는 작은 먹이를 사냥한다. 아가미와 지느러미도 발달한다. 이때 치어들은 자신들의 이야기와 자신들을 기다리는 운명을 발견한다. 새끼 장어들은 자기가 해안을 향해 이동해야 한다는 사실을 알고 멕시코만류를 따라 힘차게 헤엄치기 시작한다. 새끼 연어들은 언젠가 어린 시절 추억의 길을 되찾을 수 있도록 자신들이 태어났던 강의 기억에 젖어들고, 그곳의 향기를 식별하기 시작한다. 산호초에 사는 치어들은 귀를 기울이곤 한다. 멀리 떨어진 산호초에 사는 물고기들이 부르는 떠들썩한 노랫소리를 포착한 뒤, 그 기원에 도달하기 위해 소리를 좇아 나아가고 싶어 한다. 치어들은 먼바다의 빈 공간을 통해 몇 달이 걸릴 여행을 떠난다.

치어가 물속을 이동하는 것은, 더더구나 오랜 시간 동안 이동한다는 것은 몹시 힘든 일이다. 이렇게 작은 생명체에게 물의 움직임은 우리가 보는 것과 다르다. 바닷물을 자세히 관찰해보면, 해류의 관성과 대류 효과보다 물 분자의 확산 운동이 우세하다는 사실을 알 수 있다. 작은 생명체에게 물은 덩어리로 이동하지 않고, 분자 하나하나가 무질서하게 움직이는 것으로 보인다. 몸집이 작으면 작을수록 무질서한 움직임은 그 생명체의 크기에 비해 상대적으로 더 커지고, 그때 물 분자들의 무질서한 움직임 탓에 생명체 주변 물의 유동은 느려질 것이다. 그래서 작은 생물은 물을 거의 움직이지 않는 점착성 유체로 지각한다. 치어에게 물은 우리가 꿀을 만질 때의 느낌만큼이나 끈적끈적하다. 물고기는 커가면서 물이 더 이상 끈적끈적하지 않으며, 더 가벼운 유체처럼 흐른다고 느낄 것이다. 자라나는 물고기는 추진력을 얻어 미끄러지듯 헤엄치고, 심지어 물의 움직임까지 따라갈 수 있다. 물고기는 성장하면서 헤엄치는 법을 끊임없이 다시 배운다. 다시 배우는 것, 다시 발견하는 것이야말로 어떻게 보면 인간의 숙명이라 할 만한데, 특히 학교에 다닐 때 그러하다. 처음에는 어린 학생들에게 창조적이 되라고, 종이에 자유롭게 그림을 그리라고 말한다. 그런 다음 선 밖으로 나가지 않게 색을 칠해야만 하고, 규칙을 따라야만 한다. 또 주어, 동사, 보어 순으로 연결된 문장을 만들어야 한다. 모든 과목에서 선생님의 지시에 따라야 한다. 그 후 시험을 볼 때 독창성을 다시 요구하지만 위험을 최소화하기 위해서는 어떤 틀을 생각해야만 한다. 그렇게 학교를 마치고 나면, 각자 자기의 방식으로 다시 학습을 하고, 자기만의 규칙을 만들거나 독창성을 다시 찾아야만 한다.

◎

플랑크톤 생활에 적응한 치어는 성어의 모습과는 완전히 다르다. 새끼 개복치ocean sunfish는 꼭 해처럼 생겼는데, 세모꼴 가시지느러미에 둘러싸여 있다. 새끼 정어리는 실처럼 가늘고 긴 뱀장어 모양이다. 새끼 황새치는 성어처럼 길게 돌출한 주둥이는 없지만 등에 거대한 돛이 비죽 솟아나 있는 용을 닮았다. 새끼 황새치는 정말 관찰하기 어렵다. 처음 몇 주 동안 순식간에 자라나서 1년 만에 몸무게가 40여 킬로그램에 달하기 때문이다. 가자미나 넙치plaice 같은 납작한 물고기들의 새끼는 '일반적인' 물고기들처럼 태어난다. 깊은 바닷물 속을 헤엄치고, 머리 양쪽에 눈이 하나씩 있다. 두 눈 가운데 한쪽은 물고기가 성장하면서 이동하여 조금씩 평평해지는 측면의 다른 눈과 합쳐진다. 이것은 가자미의 관점에서는 이상한 변화일 것이다. 파도의 자유를 포기한 가자미는 바다 밑바닥에 달라붙어 모래와 섞이면서 온몸이 침전물로 뒤덮이고, 몸도 침전물과 같은 색을 띠게 된다. 아래쪽에서 세계를 보는 데

납작한 물고기들의 변태

익숙해진다. 먼저 하늘만 보이고, 그 이후로는 2차원 세계에서 납작한 상태로 살게 될 것이다.

가자미처럼 내 연필도 바닥으로 떨어지더니 부드러운 소리를 내며 리놀륨에 부딪쳤다. 선생님의 갑작스런 시선에 나는 그림이 보이지 않게 반사적으로 종이를 노트 밑으로 밀어 넣었다. 선생님은 목소리를 낮추지 않고 계속 설명을 이어 갔다. 간신히 위기를 벗어나긴 했지만, 그 뒤로 선생님은 내게서 눈을 떼지 않았다.

선생님은 우리와 눈도 제대로 마주치지 않고 가장 조용한 물고기보다 훨씬 더 지루하게 수업을 이어갔다. 그렇지만 사실 선생님은 자기 말에 귀 기울이지 않거나 딴짓하는 아이들을 적발하기 위해 멀리서 우리를 감시하고 있었다. 나는 수업에 집중하려고 애썼지만, 정말이지 지겨워 죽을 지경이었다. 파도가 나를 부르고 있었다. 종이에는 갈매기와 추상적인 아라베스크를 그리고 자꾸만 나를 부추기는 미완성의 풍경이 그려져 있었다. 나는 노트 아래쪽 모서리로 종이를 조심스럽게 다시 꺼냈다. 눈치를 봐가면서, 조금 끈적끈적한 네 가지 색 펜으로 풍경화에 색을 입히기 시작했다. 강요된 이 은밀함이 터무니없이 느껴졌다. 지구상의 어떤 생물체가 선생이라 일컫는 자의 감시를 받으며 배울까?

그런데 몇몇 바다 생물과 비교해보니 나는 불평할 게
없었다. 태어나자마자 다름 아닌 자기 부모에게 사냥당하는
물고기들도 있다. 예컨대 안초비는 암컷이 방금 낳은 알과 먹
잇감인 플랑크톤을 구분할 수 없어 알의 28퍼센트를 먹어 치
운다. 좀 더 참을성이 많은 강꼬치고기pike는 새끼가 조금 더
크면 잡아먹고, 암컷은 산란하고 얼마 뒤 주저 없이 수컷을 먹
어 치운다. 진화의 과정에서 이런 행동이 계속되었다면, 이는
언제나 종의 생존을 위해서다. 산란 후 완전히 지쳐버린 물고
기가 살아남기 위해서는 거의 힘을 쓰지 않고 얻을 수 있는 칼
로리원이 필요하다. 이러한 점에서 지방이 풍부한 알이나 기
진맥진한 수컷은, 평소에 암컷이 사냥하는 먹이보다 더 수월
하게 잡아먹을 수 있다.

계곡을 흐르는 개울의 밑바닥에서 사는 작달막한 물고
기 둑중개freshwater sculpin는 산란의 성공과 부모의 생존 사이
에서 교묘하게 균형을 잡음으로써 딜레마를 해결한다. 수컷
은 동굴 같은 곳에서 알을 지키고, 암컷은 각각 동굴 천장 여
기저기에 포도송이 같은 알을 낳는다. 수컷은 알을 보호하기

위해 한 달 동안 영양 섭취를 중단한다. 그러다 너무 배가 고파지면 다발을 이룬 알 중에서 아껴가며 몇 개만 먹는다. 한 다발을 전부 다 먹어버리는 일은 절대 없다. 이렇게 해서 각 다발, 즉 각각의 암컷에게서 늘 어린 물고기들이 태어나고, 새로운 세대의 유전적 다양성이 보장된다.

난태생 동물인 모래뱀상어sand tiger shark는 더 극단적인 전략을 취한다. 새끼들은 암컷의 자궁 속에 있는 알에서 부화하지만, 출산 때까지 계속 거기서 자란다. 이때 새끼들에게는 영양을 공급받을 탯줄이 없다. 따라서 새끼들의 영양 섭취 전략은 훨씬 더 공격적이다. 암컷 모래뱀상어 한 마리는 수컷 여러 마리와 교미하는 덕분에 여러 수컷에게서 나온 수십 개의 상어 태아를 배게 된다. 다른 태아들보다 강해서 가장 먼저 부화한 태아들은 자궁 속에 있는 의붓형제들과 부화하지 않은 알들, 심지어는 수정되지 않은 난자들까지 먹어치운다. 마지막으로 한두 마리만 살아남을 즈음 새끼들은 외부 세계에 맞설 만큼 강해지며 크기는 거의 1미터에 달한다. 자궁에서 형제들끼리 서로 죽이는 싸움은 최상의 생존 기회를 얻을, 가장 튼튼한 태아를 선택하는 결과를 가져온다.

⊚

어떤 물고기들은 더 평화로운 어린 시절, 어쨌든 우리와 비슷한 어린 시절을 행복하게 보낸다.

많은 부모 물고기는 자신이 낳은 알을 보호하고, 어린 새끼들을 감시한다. 보통은 수컷이 새끼들을 돌본다. 수컷은 엄청나게 헌신적으로 임무를 수행하는데, 우리 사회보다 훨씬 앞서간다고 할 수 있을 만큼 진정한 모범을 보인다. 도치 lumpfish는 차가운 바다에 살며 검거나 붉은 알이 캐비아 대용품으로 팔리는 둥근 물고기인데, 암컷이 별로 깊지 않은 물속의 해초 둥지에 낳아놓은 알에 수컷이 산소를 불어넣는다. 수컷은 배의 흡반으로 주변 바위에 달라붙어, 암컷이 낳아놓은 알들 곁에서 6~7주 동안 머무르며 부화할 때까지 감시한다. 탕가니카호에 사는 틸라피아 tilapia♦는 훨씬 헌신적인 부모다. 새끼를 더 잘 보호하기 위해 암컷이 산란한 알을 자신의 입속에서 수정한 뒤 부화해서 키운다. 새끼들은 부모가 삼키는 모든 먹이를 섭취한다. 해마는 암컷이 수컷 몸속에 위치한 주머니에 난모세포를 낳는다. 수컷은 알을 수정해 배고 있다가 수

♦ 열대지역에 분포하는 민물고기

79

백 마리의 새끼 해마를 낳는다. 이 새끼 해마들은 마치 불꽃놀이처럼 밖으로 튀어나온다.

가족이 함께 사는 물고기는 거의 없지만, 흰동가리 clownfish를 비롯한 몇몇 종은 모여서 산다. 흰동가리 가족은 말미잘 주위에서 이상하게 살아간다. 모두 수컷으로 태어난 새끼들과 부모로 구성된 가족이다. 만일 암컷이 죽으면 수컷이 암컷으로 변태하고, 가장 성숙한 새끼가 수컷 역할을 맡는다. 이 기묘한 현실을 반영했다면 유명한 애니메이션 〈니모를 찾아서〉의 줄거리가 조금 바뀌었을 것이다.

이렇듯 많은 물고기 종이 자웅동체다. 그들은 살아가다가 성性을 바꾼다. 이른바 '사회' 이슈라 할 만한 주제와 관련해 바다 밑 세계는 꽤 개방적으로 사고하며, 아주 다양한 행동을 보여준다. 맛있는 생선수프를 만들 수 있는 놀래기는 모두 암컷으로 태어난다. 시간이 지나면 더 진한 색깔과 주홍색 줄로 자신을 장식하면서 수컷으로 변한다. 그러나 어떤 놀래기는 변태할 때 수컷 제복을 입지 않고 계속 암컷의 외모를 유지한다. 그래서 다른 수컷들이 암컷을 차지하려고 서로 싸우는 동안, 암컷의 외모를 한 이 수컷은 조금도 의심받지 않고 암컷의 신뢰를 얻어 유혹할 수 있다. 놀래기들이 지중해의 바위들 속에서 어지럽게 움직이며 벌이는 퍼레이드는 매우 즐거운 여러 가지 빛깔의 스펙터클이다. 무슨 일이 생기면 놀래기들은 즉시 사방에서 몰려들어 트랙을 도는 서커스 곡예사들처럼 빙빙 돈다. 나는 종종 잠수해서 놀래기들을 바라보며 감탄하면서 혼잣말을 하곤 했다….

"알림장 내놔!" 무시무시한 고함에 나는 갑작스레 수중세계의 몽상에서 깨어났다. 이번에는 약탈자가 승리를 거두었다. "끝나면 집에 가지 말고 두 시간 동안 남아 있어!"

수업이 없는 오후에 자유를 빼앗기고 갇혀 있어야 하다니…. 시간으로 벌금을 내는 것만큼 어린아이에게 더 잔인한 벌이 있을까? 나는 수업 시간에 삼각형의 각도를 배울 생각은 않고 '딴생각'이나 하면서 그림을 그렸다는 이유로 벌을 받았다. 수업 중에 '떠들었다'는 이유로 어둡고 텅 빈 교실에서 벌을 받는 친구 두 명과 합류했다. 우리에게 인생이 무엇인지 가르쳐주고 싶어 한 이들에게 최악의 범죄는 떠드는 것과 딴 생각을 하는 것이었다.

그렇지만 배움에는 반드시 소통이 필요하다. 소통은 어떤 문명을 탄생시키고 살아남게 할 만큼 매우 중요하다.

문어는 지구에 사는 동물 가운데 가장 똑똑한 동물 중

문어

하나로 분류된다. 아마도 무척추동물 중에서는 지능지수가 가장 높을 것이다. 문어의 뇌는 사고와 추리를 할 수 있을 정도로 매우 잘 발달해 있다. 홍합mussel이나 수주고둥처럼 오히려 언뜻 단순해 보이는 생물이 포함된 연체동물과에서 문어는 비정상적인 진화를 겪었다. 활기찬 정신과 더불어 문어는 놀라운 몸을 소유하고 있다. 정말 유연해서 아주 작은 구멍 속으로도 들어갈 수 있다. 몸의 형태와 색을 자유자재로 바꾸는 것도 가능하다. 또 신경계의 일부가 옮겨진 여덟 개의 다리가 있는데, 문어의 다리는 가장 정교한 로봇들과 맞설 만큼 지적으로 명민한 도구다. 어쩌면 문어라는 종은 이 모든 수단을 이용해 지구를 지배할 수도 있었을 것이다. 더욱이 문어들은 자신들의 문명을 건설할 수 있는 지구 면적의 71퍼센트를 차지하는 물속에 살았다.

하지만 그러지 못했다. 어쨌든 아직은 아니다. 문어가 실패한 이유 중 하나는 그들이 지식을 전달하는 방식에 있을 것이다. 문어는 평생에 걸쳐 지식을 얻는다. 포식자에게서 더 잘 벗어나기 위해 포식자로 변장한다거나, 속이 빈 조개껍데기를 갑옷으로 쓴다거나, 먹을거리를 찾아서 무호흡 상태로 뭍에 기어오르는 등 복잡한 전략을 발전시킨다. 최근까지 우리는 두족류가 의사소통을 할 수 없다고 알았다. 하지만 이제는 문어는 예외라는 사실을 안다. 그들은 생존 방법을 교환하고, 다리를 이용해 신호를 보내고, 몸의 색깔 변화를 통해 대화를 나눈다. 심지어 자기들이 잡아먹은 조개 더미 위에 마을을 건설하고, 복잡한 사회적 상호작용으로 통제한다. 그런데 자기들끼리는 지식을 공유할 수 있어도 다음 세대에게 전할 수는 없다. 바로 번식 방법 때문이다. 문어의 초기 삶은 몹시 슬프고 극적이다. 일단 알이 수정되면 수컷은 다른 일을 하러 가버리고, 암컷은 알을 낳은 동굴 속에 남아서 태아들이 꿈틀거리고 있는 종유석 모양의 작은 흰색 덩어리를 돌보고 산소를 공급한다. 알이 부화할 때까지는 시간이 오래 걸린다. 헌신적으로 알을 보호하던 암컷은 알을 낳은 뒤로 먹지 못한 탓에 새끼가 부화하기 직전에 쇠약해져 죽고 만다. 암컷은 결코 새끼와 대화를 할 수도 없고 자신의 지식을 새로운 세대에게 전해줄 수도 없다. 따라서 어린 문어는 모든 것을 스스로 발견해야 한다. 문어는 새끼들을 교육시킬 수 없었기 때문에 육지를 정복할 수도 없었고, 도시나 대성당, 4G 위성, 러시아워 때의 지하철, SNS상의 논쟁, 세금 고지서 그리고 문명의 다른 모든 즐거움을 느낄 수도 없었다. 어쩌면 문어들에게는 잘된 일일지도 모르지만, 유감스럽기도 하다. 문어들은 자신들의 대성당에 소화기를 설치하고, 지하철에 무선 인터넷을 깔 수도 있었을 테니 말이다.

문어와는 반대로 혹등고래humpback whale는 새끼들을 오랫동안 키우고 끊임없이 대화한다. 덕분에 고래는 우리가 문화라고 일컫는 것을 창조했다. 고래 집단은 문화적 특징을 발달시킨다. 사회적 학습을 통해 고유의 행동을 유지하고 전달한다. 이런 식으로 그들이 부르는 노래는 해가 거듭되어도 꾸준히 같은 집단 사이에 전해질 수 있다. 각 개체는 여기에 절 몇 개를 덧붙이거나 수정하고, 그 뒤에 또 다른 개체들과 공유한다. 그들의 노래는 유행이나 언어가 바뀌듯 시간이 지나면서 계속 바뀐다. 어떤 주제는 새로 나타나고, 어떤 주제는 사라진다. 또 어떤 주제는 바뀌기도 한다.

1980년대에 청어들은 대형 선단에 의해 남획되자 메인만♦을 떠났다. 전 세계 거의 모든 곳에서 살고 있는 혹등고래는 청어들 주변에 일종의 거품 그물을 내뿜어 한데 모은 다음 딱 한 번 숨을 들이쉬어 통째로 삼켜버린다. 해역에서 청어들이 사라지자마자 메인만의 고래들은 다른 먹이, 즉 무더기로 모으기가 더 힘든 양미리sand eel로 관심을 돌려야 했다. 이때 고래들은 새로운 기술을 고안해냈다. 꼬리로 수면을 두드려 거품을 만들어내서 양미리들을 강제로 잠수하게 만드는

♦　　북아메리카 북동쪽 대서양 연안에 있는 커다란 만

기술이다. 그 뒤로 고래들은 양미리 잡는 기술을 대대로 전해 주었다. 다른 해역에서 온 한 마리 '순진한' 고래는 본래 양미리 잡는 법을 모른다. 만일 이 고래가 메인만의 고래를 만나 기술을 배운다면 양미리를 잡을 수 있겠지만 말이다. 동물학자들에 따르면, 선천적으로나 본능적으로 알고 있는 것이 아닌 교육을 통해 습득된 지식을 전하는 행위는 고래들 사이에서 문화가 전달된다는 사실을 증명한다.

그러나 나는 새끼 고래가 아니었다. 수요일 오후에 무얼 배우고 교양을 쌓기 위해 교실에 갇혀 있는 것도 분명 아니었다. 선생님은 과연 우리에게 어떤 벌을 내릴까? 학교 친구들 표현대로, 선생님은 어떤 소스를 곁들여서 우리를 먹어 치울까? 바로 이것이 나의 유일한 걱정거리였다.

우리는 보통 두 시간 동안 학교 내부 규정을 베껴 썼다. 최악의 경우에는 규정의 개별 조항까지 베껴 써야만 했다. 하지만 아픈 손목이 기계적으로 이 조항을 베껴 쓰는 동안, 우리는 조항을 위반하기 위해 수많은 전략을 고안해내려는 욕구가 더욱더 강해졌다. 자습 감독 선생님은 그날 기분이 좋았는지 관용을 베풀었다. 읽고 있던 신문에서 눈을 떼지 않은 채 우리에게 두 시간 동안 글을 한 편씩 쓰라고 지시했다. 주제는 '당신의 바캉스에 관해 이야기하시오'였다.

처음에는 마지못해 글을 쓰기 시작했다. 바캉스를 즐길 수 없는 순간에 바캉스를 떠올려야 한다는 것은 더욱 잔인하게 느껴졌기 때문이다. 그런데 단어들이 종이 위에 정렬하더니, 그림 속 선들처럼 서서히 나를 데려갔다. 나는 바닷물이 반짝거리는 만과 물 위에 비친 하늘 속에서 일렁이는 보랏빛이 도는 초록색 수초 무리, 수면에서 장난치는 숭어mullet를 묘사했다. 잉크로 몇 글자 써 내려가며 몸이 반투명한 은줄멸silverside 떼와 정어리의 푸른색 등, 불가사리가 여기저기 흩어져 있는 바닷속 그리고 성게들과 그들의 딱딱거리는 소리를 글로 표현했다. 나는 감금 상태에서 풀려나 글로 쓰고 있던 바다 한가운데로 헤엄쳐갔다. 나를 힘들게 한 모든 지긋지긋한 문법 규칙이 조화로운 바다 풍경 속으로 사라져버렸다. 프랑스어 선생님이 우리에게 거듭거듭 강조하던 문체가 깊은 바닷속에서 생생하게 살아났다. 위장한 채 바위에 숨어 있던 문어는 심해의 은유가 되었다. 붕장어conger eel도 주둥이만 내놓고 하나의 완곡어법처럼 동굴 속에 숨어 있었다. 드림피쉬dreamfish♦들은 아나포라♦♦처럼 차례로 정렬했다. 아주 작은 홑눈 놀래기

♦　먹으면 환각을 일으킬 수 있는 물고기. 대서양에 서식하며 지중해에서 흔히 볼 수 있다.

♦♦　반복의 문체 가운데 하나. 문장의 어느 한 부분이 이후에 서술되는 문장의 첫 부분에 계속 반복되는 기법

ocellated wrasse는 과장법을 사용해 다른 물고기들을 위협했다. 그사이 나는 시적 정취에 젖어들었다. 시적 정취를 바다에서 끄집어내 종이에 기록하며 왠지 뿌듯해졌다. 다른 사람들과 함께 이런 마음을 느낄 수 있게 되어 기뻤다.

그러나 나와 함께 정취를 느낀 것은 종이뿐이었다. 우리가 과제를 제출하자마자 자습 감독 선생님은 기계적으로 한데 모으더니 읽어보지도 않고 구겨서 쓰레기통에 던져버렸다.

'앞으로 열 달만 견디면 돼.' 나는 교실을 나서며 생각했다. 다행히 이제 날이 다시 추워질 테고, 추위와 함께 크리스마스 휴가가 시작될 것이다. 나는 조금 다른 형태의 바다 이야기에 다시 귀 기울일 수 있을 것이다. 곧 해산물의 계절이 도래하기 때문이다.

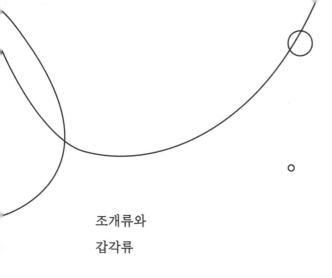

조개류와
갑각류

비록 당신이 굴oyster을 좋아하지 않는다 해도 어쩌다 해산물
플래터로 저녁 식사를 하게 되면 할 말이 있는 곳
쇠고둥whelk 한 마리가 2천 년을 찾아 헤맨 끝에 유대인을 집
결시킨 곳
먼 곳의 은하수가 새우들의 검은 눈 속에서 빛나는 곳

해산물은 고수나 강한 치즈, 감초차와 한 가지 공통점
이 있는데, 바로 사람들을 갈라놓는다는 것이다. 태어날 때부
터 굴을 좋아하는 사람이 없어 보이긴 하지만, 웬만큼 나이를

먹으면 굴을 진짜 좋아하는 사람들, 식초로 굴의 맛을 숨기며 좋아하는 척하는 사람들 그리고 굴을 정말 싫어하며 그 사실을 받아들이는 사람들로 나뉜다.

굴을 진짜 좋아하는 사람들 중에서도 오직 극소수만이 인터넷에서 알려주는 헤아릴 수 없이 많은 비법(심지어 종종 위험하기까지 한)에 의존하지 않고 굴을 딸 줄 안다.

그런데 굴의 맛을 좋아하고 싫어하고는 별로 중요하지 않다. 굴을 따는 행위는 책을 펴는 행위와 조금 비슷하다. 밀푀유처럼 생긴 굴 껍데기 속에 갇혀 있는 바닷물의 일부, 단단한 껍데기 아래서 자신을 드러내지 않으려 저항하고 거부하는 진주모빛 보물. 굴은 바다의 소문과 태양의 이야기로 가득 차 있지만, 껍데기 속에 갇힌 탓에 그 이야기를 자주 나누지 못한다.

미식가들이 굴 껍데기를 까고 안의 내용물을 후루룩 들이마시는 동안, 굴이 방긋이 벌어지기를 그리고 간직한 비밀의 일부가 빠져나오기를 침착하게 기다려보자.

겉에서 보는 것만으로도 굴 껍데기 자체는 흔한 소재

가 아니다. 껍데기를 구성하는 진주모는 바이오 광물질이다. 즉 생물체가 만들어낸 광물이다. 동물계와 광물계의 결합은 진주모에 특별한 속성을 부여한다. 진주모는 99퍼센트 탄산 칼슘, 즉 백악이라고도 하는 성분으로 이루어져 있다. 그런데 굴은 잘 부서지고 생기 없는 백악을 단단하고 소중한 진주모 로 바꾸는 비밀스러운 기술을 알고 있다.

백악이 아닌 진주모 구성물의 1퍼센트에는 단백질이 주성분인 접합제를 만드는 비법이 있다. 굴은 이 접합제를 사용해 백악을 변화시킨다. 굴의 이러한 기술은 아직 밝혀지지 않은 미스터리다. 하지만 이 기술이 백악에 약간의 무기염을 첨가해 (길이가 10마이크로미터쯤 되는) 아라고나이트♦라고 불리는 아주 작은 석회석 결정으로 만든다는 사실은 널리 알려져 있다. 그런 다음 일반적으로 잘 모르지만, 콘키올린♦♦이라는 이름의 단백질을 반응시키는 방식으로 석회 결정들 사이를 붙인다. 이 과정에서 달라붙은 결정들은 순수한 백악보다 훨씬 견고하며 아라고나이트보다 3천 배나 단단한 재료를 형성한다. 진주모는 색깔이 없다. 진주모를 구성하는 재료에는 색소가 형성되어 있지 않기 때문이다. 그러나 진주모에 햇빛

♦　　탄산 칼슘으로 이루어진 탄산염 광물
♦♦　　연체 동물의 조개껍데기에 있는 경단백질의 일종으로 진주가 만들어지는 과정에서 접착제처럼 붙여주는 역할을 한다.

이 닿으면 매우 작은 아라고나이트의 판상 결정 하나하나에 반사된다. 판상 결정이 너무 작고 간격이 규칙적으로 벌어져 있어서 반사되는 광선들끼리 서로 간섭한다. 그 결과 햇빛이 여러 색깔로 잘 분해되며, 몇몇 조개류에서 볼 수 있는 아름다운 무지개가 만들어진다. 광학자들은 이를 구조색상이라고 한다. 이는 최소한의 색소도 없이 진주모의 무색 재료가 그 형태와 구조를 통해 빛을 분해하고, 색상을 만드는 것을 말한다.

굴은 성장하기 위해서 또 자신을 보호하기 위해서 끊임없이 진주모를 만들어낸다. 굴 껍데기 속으로 모래알이 들어가면 우리 신발 속에 자갈이 들어가는 것과 마찬가지다. 짜증 나고 불편하고 아프다. 굴은 자신의 껍데기에서 모래알을 내보내거나, 최소한 덜 고통스럽게 하기 위해 진주모로 모래알을 덮어가며 회전시킨다. 이때 진주모가 모래알 위에 조금씩 침전되고, 모래알은 둥글어지면서 진주가 된다. 모든 굴은 진주를 만들어낸다. 가게에서 파는 굴에서 진주를 발견하는 건 드물기는 해도 완전히 불가능한 일은 아니다. 그러니 진주에 관해서는 기적을 믿어보는 것도 좋다. 굴들도 그 사실을 잘 알고 있다. 그 기적을 한 번 더 믿어보기 위해, 해산물 플래터에서 입을 살짝 벌린 굴이 들려주는 세상에서 가장 큰 진주 이야기에 귀를 기울여보자.

필리핀의 깨끗한 바다에서 펼쳐지는 먼 나라 이야기가 있다. 이 해역의 산호초에는 세상에서 가장 큰 조개가 살고 있다. 지름이 1미터가 넘는다. 르네상스 시대 탐험가들은 이 조개들을 유럽으로 가져와 성당에서 성수를 담기 시작했다. 그래서 이 연체동물에게 성수를 담는 그릇이라는 뜻의 성수반이라는 이름이 붙었다.♦ 그중 일부는 지금도 성당에 남아 있다. 팔라완 지역의 한적한 산호초 바닥 어딘가에 대왕조개가 있었다. 모래알 하나가 대왕조개의 껍데기 속에 갇혀 꼼짝하지 못했다. 대왕조개는 모래알을 밖으로 내보내려고 온갖 애를 썼지만 아무 소용이 없었다. 그러자 대왕조개는 모래알을 진주로 만들기로 결심했다. 진주는 커지고 또 커져서 이 연체동물의 내부 공간을 거의 차지하게 되었다. 2000년대의 어느 날 밤 엄청난 폭풍우가 휘몰아치면서 이야기는 예상치 못한 국면으로 접어들었다. 먼바다로 나갔던 주변 지역의 어부 한 사람이 보초堡礁로 몰아치는 파도 때문에 뭍으로 돌아올 수 없게 되었다. 그는 얕은 바다에 닻을 내리고 밤을 보내기로 했

♦　프랑스어로 성수는 l'eau bénite이며, 성수반과 대왕조개는 bénitier이다.

다. 그 이튿날 바다가 잔잔해지자 닻을 올리던 그는 닻이 무엇에 걸려 꼼짝하지 않는 것을 깨닫고 닻을 끄집어내기 위해 바닷속으로 잠수했다. 그는 닻이 엄청나게 크고 이상한 주름이 있는 진주 덩어리를 품은 거대한 대왕조개 속에 끼어 있는 것을 보고 놀랐다.

몹시 가난하고 미신을 과신하던 어부는 진주의 정체를 몰랐지만, 마술을 부리는 물건이라고 충분히 상상할 수 있었다. 그는 집으로 돌아와 진주를 침대 밑에 숨겨놓았다. 10년이라는 시간이 흘렀다. 그동안 그는 고기를 잡으러 나갈 때마다 침대 밑에 둔 진주를 만져보며, 진주가 자신에게 행복을 가져다주리라고 믿었다. 물고기는 잘 잡힐 때도, 그렇지 않을 때도 있었다. 여전히 그는 초현실적인 것을 향한 바닷사람들의 믿음을 간직한 채 마법의 물건이 자기를 지켜주리라 확신했다.

인도네시아 어부는 10년이 지나 이사했다. 도시의 관광박물관에서 일하는 그의 고모가 이사를 도와주러 왔다. 진주를 발견한 고모는 깜짝 놀라며 조카에게 감정해보라고 조언했다.

이 이야기는 돈이 행복을 안겨주는지 아닌지에 관한 것이 아니다. 어쨌든 인도네시아 어부는 세상에서 가장 큰 진주의 주인이 되었다. 진주는 무게가 34킬로그램이나 됐는데, 가격은 2천만 유로를 넘을 것으로 추정되었다. 어쩌면 진주의 마법을 믿은 그가 옳았는지도 모른다.

◎

프랑스에서 진주는 수백 년 동안 아주 귀한 물건이었다. 그래서 모조진주 회사가 유럽에서 가장 화려한 궁정으로 장신구를 공급했다. 모조진주는 굴에서 나온 것도, 바다에서 나온 것도 아니지만, 그 이야기는 물고기와 관련이 있다. 파리의 센강과 리옹의 론강에 사는 보잘것없는 민물고기, 잉어 bleak가 바로 그 주인공이다. 모조진주 제작 방식을 고안해낸 이야기도 아주 재미있다.

1698년, 파리 지역에서 있었던 일이다. 자캥이라는 이름의 어느 묵주 제조인은 모조진주 장신구를 팔아서 큰돈을 벌었지만, 내심 후회했다. 그 무렵 자캥은 자신의 모든 경쟁자들과 마찬가지로 유리로 된 모조진주에 수은과 납 혼합물을 가득 채워 진주모처럼 보이게 만들었다. 이 혼합물은 고객들의 건강에 악영향을 끼쳤다. 자캥도, 그의 고객들도 이 사실을 알고 있었다. 그런데도 사람들은 그가 만든 모조진주를 금값을 주고라도 사겠다며 아우성을 쳤다. 그는 시간이 지날수록 점점 더 의기소침해졌다.

그런데 자캥은 잔치를 열어야 했다. 그의 아들이 이웃 약제사의 매력적인 딸 위르쉴과 결혼을 앞두고 있었다. 자캥은 두려워하던 순간이 마치 운명처럼 다가오는 것을 느꼈다. 바로 위르쉴이 찾아와 결혼식을 위해 독성이 있는 모조진주 장신구를 하나 만들어달라고 부탁했던 것이다.

자캥은 해결책을 찾기 위해 몇 시간 동안 머리를 쥐어짰다. 그러다 센강 변을 배회하는데 잉어 떼의 눈부신 진주모 빛이 그의 눈길을 끌었다.

묵주 제조인은 잉어의 비늘이 진주모와 똑같이 홍색소포라는 세포 속에 판상 결정 미세구조를 가지고 있어서 진주와 똑같은 무지갯빛을 띤다는 사실을 몰랐다. 하지만 그는 잉어 비늘과 진주의 색깔이 같을 거라고 짐작했다. 그는 장차 사돈이 될 약제사의 도움을 받아 잉어의 아주 작은 비늘들을 보관한 다음, 밀랍이 가득 든 유리 버블 속에 주입하기 위해 암모니아를 주성분으로 사용하는 기술을 개발했다. 그는 이 기술에 '동양의 정수'라는 이름을 붙였다. 얼마 지나지 않아 유럽의 모든 궁정에서는 무지갯빛을 띠면서도 독성이 없는 모조진주를 서로 사겠다고 나섰다.

동양의 정수 500그램을 만들려면 잉어가 2만 마리나 필요했다. 잉어 산업은 프랑스의 센강과 손강, 론강 변에 있는 마을들을 200년 가까이 먹여 살렸다. 본래 잉어의 비늘을 벗겨내는 데 쓰이던 많은 물레방아가 지금도 돌아가고 있다.

　　해산물 플래터에서 굴 아래에는 수주고둥이 눈에 띄지 않게 숨어 있다. 여기에 왜 수주고둥을 집어넣을까? 수주고둥을 먹는 사람은 없는데 말이다. 이 고둥을 까려면 외과의사가 수술할 때처럼 정교한 솜씨가 있어야 한다. 그런데도 요리사들은 해산물 플래터를 낼 때마다 이 복조류 더미를 빼지 않는다. 때로는, 꼭 필요한 마요네즈도 구원의 꼬챙이도 없이.

　　쇠고둥도 패류 모둠 요리에 자주 집어넣는다. 쇠고둥보다 더 조용하고 재미없는 깃이 있을까?

　　그러나 쇠고둥 역시 굴에게서 영감을 받아 껍질을 열고 이야기를 시작한다. 지중해에 살았던 굴의 사촌, 즉 전 세계 곳곳에서 매우 오랜 탐구의 기원이었던 쇠고둥에 관한 이야기. 성경만큼이나 오래 이어진 탐구.

　　이야기는 구약에 쓰여 있다. 여호와께서 모세에게 일러 가라사대, "이스라엘 자손에게 명하여 대대로 그들의 옷단 귀에 술을 만들고 청색 끈을 그 귀의 술에 더하라."✦ 청색끈,

---

✦　〈민수기〉 15장 37~ 38절

즉 치치트는 성스러운 색깔이다. 치치트는 '자정처럼 검은' 동시에 '율법의 돌판처럼 푸른' 색이었다. 또 '해를 둘러싼 하늘처럼 쪽빛'인 동시에 초록색이었다. 치치트는 성스러웠다. 치치트는 힐라존hillazon으로 만들었으며, 힐라존은 '바다와 흡사한' 연체동물이고 바다는 하늘과 닮았기 때문이다. 그렇게 쓰여 있다.

수백 년 동안 히브리인들은 연체동물 힐라존으로 치치트의 색깔을 만들어 옷단을 장식했다. 하늘이 내려준 선물을 바다에서 얻어 양털로 만든 술 장식을 신성한 색으로 물들이는 것은 조상 대대로 전해 내려온 관습이었다.

그러나 히브리인들만 연체동물에서 색을 얻어낸 것은 아니었다. 그리스인과 로마인들도 바닷속에서 자주색 색소를 찾아냈는데, 그들에게 자주색은 신의 선물이 아니었다. 그들은 헤라클레스 또는 그의 개가 해변에서 조개 몇 개를 씹어 먹다가 입술을 자주색으로 물들인 것에서 이 색깔을 발견했다고 이야기한다. 자주색은 치치트의 광채를 띠고 있지 않았다. 진홍빛이 도는 자주색은 신의 색깔이 아니라 명예의 색깔이자 황제와 귀족들의 색깔이었다.

자주색 1그램을 만들려면 뿔고둥murex 1만 2천 개를 손으로 일일이 다 까야 해서 이 색은 금보다 더 비쌌다. 자주색의 거래는 페니키아 도시 티레의 자랑거리가 되었다. 세스테리티우스 은화 수백만 개의 수입을 올리게 해주고 많은 사람에게 탐욕을 불러일으켰다. 카이사르는 자주색이 적자가 난 로마의 재정을 메우는 한 가지 수단이 될 수 있다고 보고, 조개를 주성분으로 해서 만드는 모든 염료를 로마제국이 독점할 것이라는 내용의 칙령을 재빨리 선포했다.

치치트도 칙령의 대상이 되면서, 히브리인 염색업자들은 신과의 약속을 지켜가기 위해 어쩔 수 없이 불법을 저질러야 했다. 치치트는 거의 200년 동안 비밀의 색이 되었다. 사람들은 예루살렘 거리에서 치치트 색의 옷을 조심스럽게 입고 다녔다. 치치트가 어떻게 만들어졌는지 모두 알고 있었지만 아무도 입 밖에 내어 말하지 않았다. 로마인들도 자주색의 분홍빛만 독점하고 치치트에 대해서는 모른 척했다. 그러나 미치광이 황제 네로는 혼자만 자주색 옷을 입고 싶었다. 그는 바다에서 난 재료로 만든 모든 색깔을 오직 자기만 쓸 수 있다는 내용의 칙령을 선포했다. 칙령은 로마제국 전역에 매우 엄격하게 적용되었다. 히브리인들은 금지 조치에 절망했지만 체념하고 받아들일 수밖에 없었다.

치치트의 비밀은 여전히 성경에 쓰여 있었다. 그러나 한 세대 두 세대가 지나면서 치치트를 만드는 기술은 잊히고 말았다. 힐라존은 지중해의 암초에서 행복한 나날을 보냈다. 얼마 지나지 않아 사람들은 힐라존이라는 연체동물이 어떻게 생겼는지조차 모르게 되었다.

문명의 변화를 거치면서 유대인은 힐라존이 색에 관한 비밀을 간직했던 바닷가에서 멀어져 전 세계 곳곳으로 흩어졌다. 그렇지만 랍비들은 잃어버린 색에 대한 기억을 간직하고 있었다. 그들은 이 색의 광채를 본 적은 없지만, 어떻게 해서든 다시 발견하는 것이 신자로서 자신들의 의무라고 여겼다. 그러나 성경의 문구 때문에 그들이 의무를 수행하는 것은 쉽지 않았다. 성경에는 치치트가 검은색이라고도, 푸른색이라고도, 또 초록색이라고도 쓰여 있었다. 힐라존에 관해서 말하자면, 조개이자 '바다와 흡사하게 생겼다'는 점만 알려져 있었다.

중세 스페인의 고명한 랍비 모세 마이모니드는 아마도 치치트가 하늘색일 것이라고 주장했다. 아프리카 북부 지중해 연안 제국에 살던 유대인들은 이때부터 자신들의 기도용 숄인 탈리트를 하늘색 술로 장식하기 시작했다. 같은 시기에 프랑스의 부르고뉴 지방에서 랍비 라키 드 트루아는 치치트가 검은색이었을 것이라고 말했다. 그리하여 동유럽 출신 유대인들은 그 뒤로 검은색 술이 달린 탈리트를 두르고 다녔다.

성경의 예언을 글자 그대로 따르려고 했던 사람들은 바다와 닮은 검은색이기도, 초록색이기도, 푸른색이기도 한

염료를 만드는 연체동물을 발견하기 위해 갖은 애를 다 썼지만 소용없었다. 사람들은 바다처럼 푸른색을 띠며 포식자를 물리치기 위해 쪽빛 색소를 내뱉는 보라고둥janthina janthina을 떠올렸다. 하지만 보라고둥은 오직 푸른색을 띨 뿐 초록색이나 검은색은 조금도 반사하지 않았다. 19세기에 랍비 라지네르는 생각을 달리했다. 즉 힐라존은 어쩌면 그냥 갑오징어cuttlefish일지도 모른다는 것이었다. 이 두족류는 바다처럼 색깔을 바꿀 수도 있고, 바다 밑바닥의 모습으로 위장할 수도 있으며, 조개껍데기 같은 뼈를 가졌다. 게다가 검은색 먹물을 내뿜는다. 검은색 먹물을 파란색으로 바꾸는 일만 남았다. 랍비 라지네르는 오징어 먹물을 주성분으로 남색을 얻을 수 있는 화학 처리법을 개발했다.

드디어 힐라존을 찾아냈다는 기대는 화학이 발달하면서 푸른색 색소가 오징어 먹물에서 나온 것이 아니라, 오징어 먹물이 불에 탈 때 만들어지는 탄소원자로 만들어졌다는 사실이 밝혀질 때까지 지속되었다. 다시 말해 어떤 탄화 유기물이라도 라지네르의 방식을 통해 푸른색 색소를 만들어낼 수 있다는 것이다. 힐라존은 갑오징어가 아니었다.

결국 몇몇 유대인은 신이 일부러 인간들에게서 힐라존을 빼앗아갔으며, 오직 메시아만이 색의 비밀을 알려줄 수 있을 것이라고 믿게 되었다.

그러나 1970년대에 고고학자들이 레바논에서 뿔고둥 껍데기로 가득 찬 거대한 창고의 잔해를 발견했다. 뿔고둥은 연구자들에게 새로운 길을 보여주었다. 만약 로마인들이 자주색을 얻기 위해 서로 차지하려 한 뿔고둥이 또 다른 비밀스러운 정체를 지녔다면?

뿔고둥의 또 다른 정체는 줄무늬가 있는 굵은 쇠고둥이었다. 랍비들이 박물관에서 관찰했을 때 쇠고둥 껍데기는 바다를 닮지 않았다. 그러나 물속에서 사는 이 연체동물의 몸은 해초와 응고물로 뒤덮여 꼭 깊은 바닷속 자갈이 깔리고 이끼가 낀 것처럼 보였다.

어느 쾌청한 날 한 어부가 뿔고둥을 깨다가 흘러내린 액이 처음에는 검은색으로, 그다음에는 초록색으로, 마지막에는 푸른색으로 변해가는 모습을 보고 치치트의 비밀을 알게 되었으리라. 비밀을 밝히기 위해서 2천 년 이상을 기다려야 했지만, 1980년대에 화학자 오토 엘스너가 확실히 증명해 보였다. 즉 뿔고둥의 색소는 햇빛 속 자외선의 영향으로 색을 바꾸어 푸른색과 검은색, 또는 초록색이 되었던 것이다. 드디어 힐라존을 찾아냈다.

전 세계 곳곳에 사는 유대인들의 기도용 숄이 이제 막한곳에 모여 그들 역사의 한 자락을 다시 꿰맸다. 모든 것은 쇠고둥 덕분이었다. 구약성경에서 이 패류 요리를 먹는 것을 금지했기 때문에 랍비는 그 누구도 쇠고둥이 어떤 맛인지 모를 것이다.

해산물 플래터에는 우리가 깔 수 없는 굴과 잘 모르는 쇠고둥 외에도 새우가 들어간다.

어떻게 보면 새우는 대수롭지 않게 느껴진다. 그렇지만 당신은 새우가 뭔가 이상하다고 생각해보지 않았는가? 새우 껍질을 까면서 혹시 새우 껍질 속 안에 들어가 있으면 어떨지 상상해본 적이 있는가?

무엇보다 새우는 골격이 체외에 있다. 그리고 거의 매달 골격을 바꾼다. 골격이 다시 자라는 며칠 동안 새우는 완전히 물렁물렁하고 무력해진다. 이것만으로도 이미 새우는 이상한 존재다.

새우는 또한 말이 무척 많은 수다쟁이다. 주로 더듬이를 접촉함으로써 소통한다. 더듬이는 맛을 보고 귀를 기울일 때도 쓰인다. 새우에게는 듣기와 맛 보기, 말하기가 서로 뒤섞여 있다.

그런데 당신은 보는 사람을 당황하게 만들 정도로 완

전히 까만 새우의 눈을 본 적이 있는가?

새우의 눈이 우리의 눈과 너무나 다른 이유는 렌즈를 이용해 초점을 맞추는 투명한 눈이 아니라 완전히 불투명하기 때문이다. 새우의 눈이 더 나은 점은 이렇다. 새우의 눈은 내부가 거울로 뒤덮인 아주 작은 벌집 구멍 속에 빛을 흡수한다. 이 작은 우물들은 시신경이 위치한 중심에 빛을 압축한다. 덕분에 새우는 믿을 수 없을 만큼 효율적인 눈을 갖게 되었다. 심지어 빛이 거의 없는 물속에서도 주변 180도까지 볼 수 있다.

밤이면 심해에서는 플랑크톤이 은하수처럼 빛난다. 새우는 꿈을 꾸면서, 해파리들이 별똥별처럼 떨어져 내리는 장관을 보며 감탄한다.

성경에서 쇠고등은 "바다는 하늘과 흡사하다"라고 말했다. 어느 날, 인간들은 하늘을 보기 위해 새우를 모방하자는 생각을 떠올렸다. 새우의 눈을 모델로 만들어진 미국항공우주국NASA의 망원경은 밤이 되면 우주 가장자리의 성운이 내뿜는 X선을 관찰한다.

그러나 해산물 플래터의 스타는 새우가 아니라 바로 바닷가재다. 바닥에서 천장까지 파편을 튀기지 않고, 망치와 드라이버 같은 것 그리고 밴드가 없이는 맛볼 수 없는 바닷가재가 가장 고급스럽고 값비싸다는 것은 대체로 논리적으로

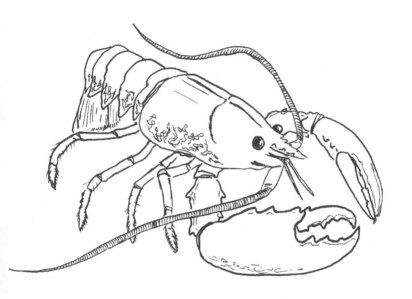

바닷가재

보였다. 심지어 어떤 식당에서는 옷에 얼룩이 지지 않게끔 어린아이들이나 쓰는 턱받이 사용을 권한다.

어쨌든 바닷가재는 이 같은 찬사를 들을 만한 자격이 있다.

바닷가재가 항상 그런 영광을 누리지는 못했다. 바닷가재는 흉측한 곤충을 닮았다는 이유로 미식가들에게서 오랫동안 외면받았다. 200년 전 뉴저지 교도소의 죄수들은 교정당국이 바닷가재를 일주일에 네 번 이상 식탁에 올리지 않겠다고 약속하자 기쁨의 환호성을 내지르기까지 했다.

바닷가재는 사촌인 새우보다 훨씬 더 이상하다는 이야기를 할 필요가 있다. 바닷가재는 털이 많은 다리로 물을 맛본다. 또 눈 아래에 있는 더듬이로 배뇨한다. 이것은 그가 윙윙거리는 소리를 내고 싶을 때를 제외하면, 소통을 위한 하나의 방식이다. 바닷가재는 수중 동굴에서 붕장어와 함께 사는데, 붕장어는 평소 바닷가재에게 먹고 남은 찌꺼기를 제공해주지만 그가 탈피하는 과정에서 껍질을 벗어버리면 당장 잡아먹으려고 기다린다. 바닷가재는 평생 동안 계속 자라며, 집게발이나 다리 또는 눈을 잃어버려도 곧바로 다시 생겨난다. 심지어 이 갑각류는 위험에서 벗어나기 위해 신체 일부를 스스로 잘라낼 수 있다. 잘라낸 일부가 다음번 탈피에서 다시 생길 것을 알고 있다. 탈피할 때 자기가 벗어놓은 옛날 껍데기를 먹어

치운다. 기존 껍데기는 새로운 껍데기를 키우는 데 필요한 칼슘을 제공할 것이다.

신장과 췌장 역할을 하는 바닷가재의 간은 머리 위에 있는 초록색 부위로, 오직 일부 미식가들만이 좋아하는 부위다. 알들로 이루어진 주황색 부위에서 게처럼 완전히 둥근 귀여운 새끼 바닷가재가 태어난다.

반면 자연 상태의 바닷가재에는 마요네즈가 뿌려져 있지 않다.

바닷가재는 너무 이상해서 누구나 이해할 만한 이야기를 할 수 없다. 바닷가재는 뒤로 물러서 있으며 이따금 몽상에 잠긴다. 아마 옛 친구 제라르 드 네르발◆을 생각하는지도 모른다. 난해하고 신비한 시를 쓰던 낭만주의 시대의 이 시인은 생애 말기에 광기에 사로잡혔다. 시인은 바닷가재를 반려동물로 여겨 푸른색 리본 끈에 매달아 산책시키고 파리의 길거리와 카페로 데리고 나갔다. 그는 놀라서 바라보는 행인들에게 자기는 개보다 바닷가재를 더 좋아한다고 당당히 말했다. "나는 바닷가재를 좋아해요. 바닷가재는 조용하고 진지하고 바다

◆   19세기 프랑스의 시인이자 소설가

의 비밀을 알고 있죠…. 게다가 시끄럽게 짖지도 않거든요."

　　해산물 플래터 가운데 덜 고귀하지만 아마도 가장 많은 사람이 좋아하는 패류는 홍합일 것이다. 감자튀김을 곁들인 홍합 요리…. 이 요리를 먹으면 곧바로 파도의 물보라와 여럿이 어울려 식사하는 바캉스 분위기가 느껴진다. 홍합 역시 나름대로 할 말이 있다. 살이 주황색인 암컷이든 아니면 크림색이 도는 노란색인 수컷이든, 홍합은 플랑크톤을 먹기 위해 하루에 무려 65리터의 물을 여과할 수 있는 놀라운 생명체다. 홍합은 특히 족사[♦]를 이용해서 믿을 수 없을 만큼 끈질기게 바위에 달라붙어 있는 것으로 유명하다. 족사는 심지어 테플론^{♦♦}에도 고착될 수 있을 만큼 점착력이 탁월한 그물 모양의 가는 섬유다. 지중해 바닷가에 사는 세상에서 가장 큰 홍합이 놀라운 이야기의 주인공이 된 것도 바위에 달라붙어 있을 때였다.

♦　　연체동물이 몸에서 내는 실 모양의 분비물. 바위 따위에 달라붙는 작용을 한다.
♦♦　　먼지가 붙지 않는 특수 섬유의 상표 이름

키조개

지중해에서 잠수할 때마다 나는 몇몇 존경할 만한 존재를 찾아가 오랜 친구들에게 하듯 빠짐없이 인사한다. 키조개 noble pen shell는 오랜 친구들 중 하나다. 원래는 호박琥珀처럼 투명하지만 시간이 지나면서 붉은 해초로 장식되고 벌레 먹은 황금색 자국으로 뒤덮였다. 오늘도 이 유서 깊은 조개류 앞에 잠시 멈춰 서지 않는다는 건 있을 수 없는 일이다.

세로로 길쭉한 타원형의 분홍색 껍데기를 포시도니아 해초 무리 위로 1미터 넘게 쳐들고 있는, 세계에서 가장 큰 홍합은 생긴 모양 때문에 '큰 돼지 다리 햄'◆이라는 별명이 붙었다.

나는 말이 없어 보이는 이 조개류를 처음 관찰할 때만 해도 황금 양털 전설의 기원이라고 생각조차 하지 못했다.

그리스 신화에서 피할 수 없는 이야기. 이 전설은 이아손 왕자가 아버지의 왕위를 차지하기 위해서 오랫동안 (그 시대의 민간전승에 따라 부모 살해와 배가 갈라진 용, 조각조각 잘려나간 아이들을 포함하는) 우여곡절을 거쳐 마침내 황금색 양털을 손에 쥔다는 이야기다. 양가죽을 찾아가는 그리스 영웅과 심해에 사는 거대한 조개 사이의 관계는 직접적으로 눈에 들어오지 않는다. 이 조개가 히말라야산맥에서 황금 양털 전설을

◆   돼지 다리로 만든 햄을 뜻하는 프랑스어 jambonneau에는 '삿갓조개'라는
    뜻도 있다.

만들었다는 말을 덧붙이면 더욱 복잡해질 것이다.

이야기는 지금은 구소련공화국이 점령하고 있는 (박트리아라고 불렸던) 중앙아시아 지역에서 기원전 500년에 시작되었다.

대초원과 살을 에듯 차가운 모래바람, 성에로 뒤덮인 몸으로 짐을 짊어진 채 거친 숨을 내쉬는 낙타를 상상해보자. 대상隊商에게서 눈을 떼지 않는 주변의 늑대들과 허공을 맴도는 독수리들처럼 주변에서 은근히 위협을 가하는 강도들도 상상해야 한다. 상인들은 요새처럼 지어진 대상 숙소가 멀리 눈에 들어왔을 때, 안도의 한숨을 깊이 내쉬었을 것이다.

그들은 사막을 몇 주 동안 걸어서 드디어 임시 거처와 신선한 빵을 발견했다. 질 좋은 황금색 천으로 만든 봇짐에 든 상품들은 지중해의 그리스 항구인 안티오크◆에서 왔다. 대상이 아무 문제 없이 계속해서 길을 간다면, 이상한 봇짐들은 몇 달 뒤 아직은 중국이라고 불리지 않던 멀고 먼 세레스제국의 도시 시안에 도착할 것이다.

매번 새로운 숙소에서 다른 대상을 만났고, 그때마다 거래가 순조롭게 이루어졌다. 어떤 대상은 카르타고의 상아와 발트해의 호박, 향료를 운반했다. 세레스제국에서 오는 다른 대

◆　지금의 안타키아

111

상들은 반대 방향에서 왔는데, 안티오크의 그리스 상인들이 가져온 옷감에 큰 관심을 보였다. 야크에는 비단이 실려 있었다.

향냄새 가득한 아치형 통로에서 세레스제국의 상인들은 호기심 어린 표정으로 그리스인들에게 서로의 직물을 비교해보자고 제안했다. 세레스제국의 상인들은 자기들이 가져온 비단이 커다란 밤나방의 누에고치에서 뽑은 것이라고 자랑했다. 누에고치로 이처럼 섬세한 직물을 잣기 위해서는 오랜 시간이 필요하고, 그래서 값이 비싸다는 것이었다. 설명이 끝나자 그들은 그리스인들에게 안티오크에서 가져온 상품을 보여달라고 간청했다.

그때 그리스 상인 중 한 명이 짐짓 내키지 않는다는 표정을 지으며 피륙이 든 짐을 풀었다. 매번 그랬듯이 사람들은 감탄하며 오랫동안 침묵을 지켰다.

놀란 사람들이 바라보는 가운데 그가 펼쳐 보인 천은 마치 금처럼 눈부신 광채를 발했다. 꼭 벨벳처럼 부드러우면서 질기고 탄력성이 있었다. 사람들 사이에서 소동이 일었다. 다들 천을 만져보고 광채를 보려고, 특히 천에 관한 이야기를 들어보려고 몰려들었다. 상인은 손짓 발짓 해가며 황금색 천을 설명했다. 이따금 통역이 숨을 돌릴 여유를 주기 위해 말을 멈추곤 했다.

거대한 조개들이 푸른 바닷속 넓은 초원의 바위에 단단히 달라붙어 살고 있었다. 조개들은 족사를 이용해 바위에 매달린다. 문어가 조개들을 떼어내려고 아무리 애를 써도, 아무리 엄청난 악천후가 닥쳐도, 매우 견고한 작은 섬유 덕분에 버텨낼 수 있었다. 해마다 잠수부들이 이 섬유의 털을 자르러 왔다. 약간의 실뭉치를 만들려면 조개 수백 개가 필요했다. 그런 다음 암소의 오줌을 주성분으로 하는 비밀스러운 방법으로 처리하면 실은 황금색을 띠었다. 그리고 한참 동안 직조하면 '바다의 비단'이라고 불리는 귀중한 원단을 얻을 수 있었다.

황금색 천의 품질은 모든 이를 매혹했다. 하지만 천에 관한 이야기는 세레스제국의 상인들을 전혀 설득하지 못했다. 상인들은 이야기가 믿기 힘든 엉터리라고 여겼다. 조개로 비단을 만들다니, 그건 말도 안 되는 얘기였다. 세레스제국 사람들은 다른 가설을 내놓았다. 이 비단은 전설에 나오듯 눈에서 진주가 뚝뚝 방울져 떨어지는 인어들의 머리카락으로 만들었을 가능성이 더 높다는 것이다. 아니면 다리에 물갈퀴가 달린 양이 바닷물 속에서 나와 바위에 몸을 문지를 때 조금 뽑혀 나오는 (아마도 황금색을 띠고 있을) 양털로 짰을 수도 있다는 것이다. 중국에서 발견된 많은 상업등기부를 보면 상인들은 '바다의 비단'의 기원을 이렇게 추정하는 것에 회의적인 반응을 보이고 있다.

그래서 그리스인들은 세레스제국 고객들을 설득하기 위해 그들에게 맞춰주어야만 했다. 상인 집단이 하나둘씩 무리 지어 이동하면서 연체동물의 이야기를 포기하고 더 잘 팔리는 양의 이야기를 받아들였다. 조개의 족사가 바다에 사는 양의 양털이 되었다. 얼마 지나지 않아 유럽과 아시아 대륙 전역에서는 황금색 양털이 실제로 어디서 유래했는지 모르는 채로 양털을 거래하게 되었다. 그렇게 황금색 양털이 탄생했다.

그 뒤에 바다의 비단은 성경과 로제타석에 인용되었다. 교황과 황제들은 바다의 비단으로 옷을 만들어 입었고, 황금 양털의 전설은 여러 세대의 예술가들에게 영감을 제공했다.

내가 이 이야기를 처음 듣고서 키조개를 떠올렸을 때, 원래 말수가 적은 이 조개는 슬며시 아이로니컬한 미소를 짓는 듯 보였다. 한낱 홍합이 바위에 달라붙음으로써 전설을 만들어냈다. 눈도 없고 목소리도 없고, 그래서 삶이 플랑크톤을 여과하는 것으로 요약되는 한 존재가 중국까지 회자되었던 창조 신화의 주인공이 되었다.

오랜 친구 같은 이 존재는 굳은 표정 아래 자신의 속마음을 제대로 감추고 있었다!

어쨌든 내 마음이 흔들렸다면, 더 슬픈 이유가 있었다. 조개는 자기 이야기가 비극적으로 끝났다는 사실을 말하기 위해 입을 살짝 벌렸는지도 모른다. 입을 연 건 그 순간이 마지막이었다. 다시는 입을 다물 수 없었기 때문이다. 키조개는 수온이 오를 때 증식하는 기생충 탓에 입을 닫을 수 없게 되었다. 결국 키조개의 운명은 문어의 손아귀에 들어갔고, 탐욕스러운 문어는 진주모빛을 띤 조개 속으로 파고들어 마음껏 먹어 치웠다.

연합군이자 공생생물인 작은 속살이게little pea crab가 문어를 볼 때마다 조개의 아가미를 꼬집어 입을 닫으라고 경고했다. 하지만 나는 입을 살짝 벌린 키조개가 오래 버티지 못하리라는 사실을 잘 알고 있었다.

프랑스 해안에 살았던 키조개의 90퍼센트가 1년 만에 사라졌다. 현재 키조개가 품을 수 있는 유일한 희망은, 인간들이 마지막으로 살아남은 조개들을 지상에 있는 고립된 수족관에 넣어 기생동물에게서 보호해주는 것이다.

지중해 연안의 대량 살육 이후 마지막으로 남은 속이 빈 진주모빛 조개를 집에서 바라보면서, 나는 믿을 수 없는 상

상력을 지닌 이 연체동물이 행복한 반전을 맞이해 자신의 이
야기를 이어갈 수 있기를 바란다.

바다 생명체들이 자신들의 이야기를 하고 있다면, 그
속에는 때로 이런 식의 구조 요청이 숨겨져 있다. 이들이 보내
는 고뇌의 신호를 알아채는 것은 우리의 몫이다.

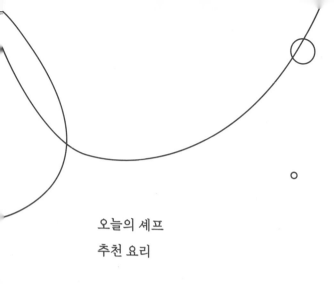

오늘의 셰프
추천 요리

스티로폼으로 만든 작은 배 안에서 심연이 제 빛깔을 잃는 곳
대구 스테이크가 크리스토퍼 콜럼버스의 자리를 빼앗는 곳
사람들이 망설이는 곳

여느 레스토랑처럼 주황색 테이블보가 깔려 있고, 리카르 술 광고가 있는 파라솔이 놓여 있으며, 항구가 보이는 바닷가 식당을 상상해보라. 종업원이 메뉴를 나눠준다. 나는 끔찍한 선택의 단계만 없다면 식당에서의 식사가 완벽한 즐거움을 제공할 것이라고 생각한다. 나를 포함해 우유부단한 많

은 사람은 철학적 고민처럼 언제나 오랫동안 망설이다가 결국은 대수롭지 않게 옆 사람과 같은 메뉴로 결정한다. 한편으로는 뷔리당의 당나귀♦ 꼴이 날까 당황하기도 하고, 또 한편으로는 내가 너무 시간을 끈다고 생각하는 종업원에게 주눅이 들기도 해서 오늘의 셰프 추천 요리가 적힌 작은 칠판을 다시 읽어본다. 전채와 메인 요리, 아니면 메인 요리와 디저트? 바닷가 식당에 왔으니 생선 요리를 주문하는 게 좋겠군.

작은 칠판에 적힌 오늘의 셰프 추천 요리는 오션퍼치 ocean perch 생선살 튀김과 사프란으로 향을 낸 쌀밥이다.

스코틀랜드의 바닷속 550미터에서 인간의 눈은 오직 어둠밖에 보지 못할 것이다. 다행히도 볼락rockfish은 엄청나게 큰 노란색 눈으로 어둠 속에 있는 모든 것을 구분한다. 피부는 붉은빛이 도는 주홍색이다. 심해에서는 주홍색이 완전히 사라지기 때문에 새까매져서 거의 보이지 않는다. 그의 삶은 암초 깊은 곳에서 다른 물고기들 눈에는 띄지 않은 채 경계하며

♦　양쪽에 동질, 동량의 먹이를 놓아두었을 때, 당나귀가 어느 쪽 먹이를 먹을지 결정하지 못해 굶어 죽는다는 이야기

사는 것으로 요약된다.

그리고 볼락은 태어난 이후로 많은 것을 볼 수 있다. 매우 오래 살기 때문이다. 때로는 100년 넘게 살기도 한다. 심해가 물고기의 젊음을 유지해준다.

암초가 차가운 바닷물에 잠겨 있는 깊은 밑바닥은 어둠 속에서 자라는 부채나 레이스 모양의 검은색 산호들로 뒤덮여 있다. 로너리아 페르투사의 무르고 희끄무레한 꽃들, 반투명한 부채 모양의 산호들과 연한 색 말미잘들은 발광 물고기 몇 마리가 도깨비불처럼 지나가는 이곳에서 환상적인 분위기를 자아낸다.

심해에는 태양이 없다. 따라서 식물도 없다. 식물에게서 풍부한 영양을 얻을 수 없어서 아주 천천히 자라는 동물들이 주된 풍경을 이룬다. 산호는 보통 자신에게 영양을 공급해주는 작은 주산텔라 조류를 재배할 수 없다. 그저 해류가 미세한 먹이를 가져다주기만을 기다린다. 산호 가지는 1년에 겨우 1밀리미터밖에 자라지 않는다. 산호초에 사는 물고기들도 느긋하게 여유를 부린다. 볼락은 20년이 지나서야 성체가 된다.

이 물고기는 긴긴 유년기에 수많은 위험을 천천히 벗어났다. 어떻게 해야 아귀angelerfish의 계략을 좌절시킬 수 있는지 깨달았다. 납작한 두꺼비처럼 갈색 피부가 농포로 뒤덮인 아귀는 위장이 가능하다. 처음 보면 아귀를 바다 밑바닥과 도저히 구분할 수 없다. 어린 볼락은 고양이를 흥분시키는 깃털 장난감처럼 해저 위에서 인광을 뿜으며 좌우로 흔들리는 깃털 장식을 보고 궁금증을 느낀다. 부주의한 볼락은 바로 밑에서 머리에 달린 긴 힘줄을 이용해 미끼를 다루는 아귀를 보지 못한다. 볼락은 홀린 듯 아귀에게 다가가고, 아귀는 거센 해류 속에서 먹이를 삼키기 위해 그저 빠르게 입만 벌리면 된다.

4만 2천 년 전, 동티모르 원주민들은 낚시를 발명해냈다. 그러나 백악기의 화석은 아귀가 1억 3천만 년 전에 이미 심해의 어둠 속에서 낚시를 하고 있었다는 사실을 보여준다.

또한 볼락은 엄청난 돔발상어dogfish 떼를 자주 만났다. 길이가 1미터 정도인 이 작은 상어들은 고양이처럼 아름다운 초록색 눈을 가졌고, 구릿빛 옆구리에는 진주모가 박혀 있으며, 느릿느릿 우아하게 헤엄친다. 새끼를 배서 2년 이상 배 속에 넣어 다니는 암컷은 특히 그렇다. 동물계에서 가장 긴 임신 기간이다. 코끼리의 임신 기간보다 더 길다. 어미의 자궁에서 나온 '강아지'라는 별명을 지닌 새끼들은 벌써 모든 점에서 어른들과 닮았다. 40년 전, 볼락이 어렸을 때만 해도 거대한 돔발상어 떼 수 천 마리를 만나곤 했다. 오늘날에는 돔발상어를 거의 볼 수 없다.

볼락은 이따금 그리 깊지 않은 수심 200미터의 산호초 지대에서 바다오리murre라는 이상한 생물도 만난다. 바다오리는 날개를 퍼덕이며 바다 밑을 날고, 심해까지 내려가서 해양 벌레들을 쪼아 먹는다. 검은색과 흰색 몸의 이 새는 얌전한 펭귄처럼 생겼지만 사실은 노련한 항해자다. 평생을 먼바다에서 사는 바다오리는 호흡을 멈추고 기록적인 깊이까지 잠수하며, 1년에 단 한 번 뭍으로 올라와 절벽 꼭대기에 둥지를 튼다. 아래로 펼쳐진 바다에 도달하기 위해 난생처음 허공 속으로 뛰어내리며 두려움에 무감각해진다.

그러나 일순간 심해의 정적 속에서 쇠붙이 부딪치는 소리가 들려온다. 트롤망의 고철 판이 어느 것도 빠져나갈 수 없을 만큼 빠른 속도로 순식간에 산호초를 긁어내 큰 자루 속에 모조리 다 담아가자, 가느다란 진흙 자국만 뒤로 길게 이어졌다. 산호초가 다시 만들어지려면 폴립이 수천 년 동안 세심하게 작업해야 할 것이며, 산호초에 동물들이 다시 살아나려면 천천히 자라는 볼락들을 위해 수백 년이 필요할 것이다. 그러나 트롤망은 1년에 열 번씩 어김없이 찾아와 똑같은 상처를 내고 만다.

거친 파도에 흔들리는 배의 갑판에서는 주머니처럼 생긴 나일론 그물이 두려움에 얼이 빠진 듯이 보이는 생선들을 토해내고, 즉시 분류한다. 상품 가치가 없는 것이 우글거리는 무더기와 산호, 길 잃은 바다오리는 배가 지나가며 만들어내는 소용돌이 속으로 빠져나갈 것이다. 장갑을 낀 손들이 남은 물고기를 정리한다. 껍질을 벗기고 즉시 냉동한다. 볼락은 '오션 퍼치'라는 잘못된 라벨이 붙은 네모꼴의 흰색 생선 덩어리가 된다. 이 상표명이 구매자들에게 더 친숙해서 판매를 촉진한다. 돔발상어도 이름이 다시 붙는다. 껍질이 벗겨지고 꼬리와 머리가 잘려나간 오만한 상어는 이제 '소모네트'◆라는 괴상한 이름으로 포장된 주황색 원기둥 모양의 생선 덩어리에 불과해진다. 이 덩어리는 '생선가스'라는 메뉴로 학교 식당에 등장해서는 어린아이들의 표정을 찡그리게 만들고, 무고한 포식자들의 몸에 엄청난 수은 함량을 남겨놓는다. 아귀를 그대로 진열대에 올려놓으면 너무 흉측하니까, 오직 꼬리만 남겨놓고 프랑스에서는 '로트'라는 이름을 붙여 판다. 볼락의 진홍색 제복, 돔발상어 무리의 광란, 아귀의 교활한 계략…. 트롤망이 한 차례 지나가면 이 모든 것은 획일화된 주황색 살덩이

◆ 손질된 상어류들을 지칭하는 상업용 용어

에 불과해진다. 인간의 창조적 재능.

⊚

아니다. 오늘의 셰프 추천 요리는 주문하지 말자…. 차라리 일품요리가 낫겠어. 레몬 소스를 곁들인 대구 요리를 시키자. 잘 모르는 생선보다는 대구를 먹는 것이 실패할 확률이 더 적어 보인다. 대구는 확실한 가치가 있다. 가시 없는 흰 살을 보장해준다. 요리의 안전지대다.

프랑스에서 동쪽으로 1만 5천 킬로미터 떨어져 있는 중국. 이곳에서는 여성 노동자들이 컨베이어벨트에 실려 끊임없이 지나가는 생선살에 주사기로 뭔가를 주입한다. 노동자들은 자기가 무엇을 주입하는지 모르는데, 회사 측에서는 기업 비밀이라며 가르쳐주지 않는다. 사실 이것은 인산염 혼합액이다. 또 물고기들을 어디서(멀고 먼 북대서양) 잡아왔는지, 그 뒤에 어디로(유럽에 있는 어시장 진열대) 가는지도 모른다.

이렇게 인산염을 주입해서 화장을 시키면 대구는 훨씬 매력적인 진주모빛이 감도는 흰색을 띠게 된다. 게다가 여성 노동자들의 임금이 매우 낮기 때문에 장거리 화물기의 왕복 요금을 내고도 이익이 난다. 비행이 남기는 탄소발자국은 그

때까지 그 아래에서 대구가 보호받으며 살았던 빙산을 좀 더 빨리 녹일 것이다.

대구는 항상 문명과 나란히 여행했다. 대구는 자기 이야기의 마지막 장을 연기하며, 태어날 때 본 얼음들을 다시 발견한다. 이것은 유럽만큼이나 오래된 여행 이야기다. 아메리카 대륙을 발견하고 전쟁과 혁명을 일으킨 한 물고기의 이야기.

대구는 북극권 주변의 차가운 바닷물 속에서 산다. 북극의 겨울과 6개월 내내 지속되는 밤과 결빙을 견뎌내기 위해 대구는 거대한 군집을 이루어 여름 동안 연체동물과 갑각류를 포식하기 때문에 살이 기름지고 단백질이 풍부하다.

바이킹은 이 사실을 잘 알고 11세기 초부터 대구 잡는 법과 저장 방식을 발달시켜왔다. 납작하게 한 후 건조해서 소금을 뿌린 생대구는 염대구salt cod라는 이름을 얻는다. 염대구는 본래 무게의 80퍼센트를 잃지만 칼로리양은 그대로 남아 3년 이상 보관된다. 그래서 염대구는 붉은 머리 에리크♦가 해적선을 타고 항해할 때 간단하게 먹을 수 있는 이상적인 식사

♦　950~1003. 아이슬란드에서 살인 혐의로 추방당하자 유럽 최초로 그린란드에 식민지를 세운 인물

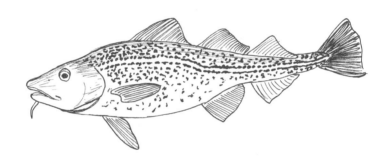

대구

였다. 바이킹은 염대구에서 유럽의 모든 해안을 약탈하는 데 필요한 식량과 에너지를 얻었다. 또 프랑스의 가스코뉴만을 약탈할 때 이곳 바스크 사람들에게 생대구를 염대구로 만드는 방법을 가르쳐주기도 했다.

그리하여 염대구는 당시 기독교의 영향을 크게 받았던 유럽인들에게 기쁨을 선사했다. 냉동고도 배달업체도 없던 시절에 매주 금요일마다 그리고 사순절 내내 먹을 수 있었기에. 중세 이후 염대구는 유럽 전역에 수출되어 가장 많이 소비되는 생선이 되었다. 덕분에 프로방스식 아이올리♦ 요리가 탄생했다. 그 어떤 대구도 살아서, 심지어 빙하시대에도 지느러미를 움직여본 적 없는 지역에서 수많은 요리법이 만들어졌다.

프랑스 바스크 지방의 선원들은 염대구 장사가 수지가 맞자 바이킹의 전설에 나오는 엄청난 대구 떼를 찾아 나섰다. 전설에 따르면 대구는 대서양의 맨 서쪽 미지의 땅, 빈란드 Vinland라고 불리는 신화 속 땅의 먼바다에 많다고 했다. 1390

♦   잘게 다진 마늘에 올리브유를 부어서 만든 일종의 마요네즈

년경에 바스크 지방 사람들은 대구를 찾아다니다가 캐나다, 정확히 말하자면 캐나다의 뉴펀들랜드와 노바스코샤에 다다르게 되었다. 그들은 신대륙을, 특히 대구가 잘 낚이는 장소를 발견했지만, 위치는 비밀에 부쳤다. 몇 안 되는 당시 지도에만 그곳이 언급되어 있을 뿐이다. 낚시 포인트는 다른 사람에게 알려주지 않는 법. 100년 뒤, 크리스토퍼 콜럼버스가 이끄는 쾌속 범선들이 출발했을 때, 선창은 이미 바스크 사람들이 아메리카 대륙에서 잡아 말린 염대구들로 가득 차 있었다.

대항해시대 선원들의 일일 식사 메뉴였던 염대구는 새로 생긴 모든 식민지로 퍼져나갔다. 앤틸리스제도와 서아프리카 나라 사람은 지금도 아크라♦나 티에부디엔♦♦을 무척 좋아한다. 포르투갈의 정복자들은 대구를 '돈독한 친구'라는 별명으로 부르며 브라질과 카보베르데로 수출했다.

염대구를 사고파는 무역은 전 세계적인 규모로 확대되었다. 유럽의 주요 도시들은 이토록 귀중한 생선이 하역되는 퀘벡이나 뉴펀들랜드의 어항을 통제하기 위해 400년 동안이

♦　　보통 생선이나 채소로 속을 채운 작은 도넛
♦♦　　생선과 밥이라는 뜻의 세네갈 전통 음식. 생선과 채소를 고추와 향신료로 양념해 끓인 뒤 밥 위에 얹어 먹는다.

나 무력충돌을 벌였다. 이 시기는 뉴펀들랜드 어장을 향해 떠나는 어선 선원들의 시대였다. 그들은 돛을 세 개나 단 커다란 범선의 선창을 '가시를 완전히 제거한' 대구 살로 가득 채우기 위해 극지방의 경계로 떠났던 사람들이다.

염대구는 미합중국의 시작을 알리는 처음 몇 개 주를 부유하게 만들었다. 매사추세츠주의 주요 수출원인 염대구는 이곳의 공식 상징이 됐으며, 보스턴의 하원 건물 위쪽에는 나무로 조각한 '성스러운' 대구가 설치되어 있다. 그동안 프랑스에서는 염대구의 소비가 급증하면서 소금값이 천정부지로 뛰었다. 왕이 염세를 신설했고, 이로 인해 1789년에 우리가 잘 아는 혁명을 촉발했다.

20세기까지만 해도 대구는 마치 바다가 유일하게 무한히 제공할 수 있는 고갈되지 않는 풍부한 하늘의 선물처럼 보였다. 낚시 기술은 바이킹 시대 이후로 달라지지 않아서, 거대한 범선의 작은 보트 같은 소형 평저선에서 낚싯바늘이 달린 낚싯줄을 바닷물 속에 던졌다. 그러나 모터와 냉동고의 발명은 황금 알을 낳는 닭, 아니 황금 알을 낳는 대구를 죽여가고 있었다. 선별적으로 잡을 수 있고 해저를 보호할 수도 있는 낚싯줄 대신에 대구 떼를 모조리 잡기 위해 트롤망을 사용해 서식지 전체를 긁어내기 시작했다. 경쟁력을 갖추기 위해 언제나 더 많은 대구를 잡아야만 했다. 잡은 것 가운데 일부만 소비하는 한이 있더라도 어린 대구까지 잡아 시장을 포화상태로 만들었다. 낭비가 이익의 동의어가 되었다. 매년 200만 톤씩 대구를 잡다 보니 600년 동안 인류를 먹여 살릴 만큼 놀랍도록 풍부했던 대구는 10년 만에 씨가 말라버렸다.

대구 떼는 결코 다시 돌아오지 않았다. 그들의 서식지는 바닷가재에게 점령당하고 말았다. 옛날에는 대구의 먹이였던 바닷가재들은 뒤집힌 상황을 이용해, 대구를 보호하기 위한 일련의 조치에도 불구하고 대구가 돌아오지 못하게 대구 알을 먹어 치우며 복수했다.

오늘날 뉴펀들랜드의 먼바다에 남아 있는 대구는 옛날과 비교해 1퍼센트도 안 된다. 대서양의 다른 곳에 살아남은 대다수의 대구도 계속해서 줄어들고 있다. 그럼에도 프랑스에서는 대구가 여전히 가장 많이 소비된다. '가시를 완전히 제거한' 대구 살은 확실한 상품 가치가 있다. 마치 대항해의 전통을 이어가려는 듯, 마지막 남은 생선 덩어리들은 냉방장치를 갖춘 비행기를 타고 중국으로 날아가서 식품첨가제가 더해지고, 그들 이야기의 슬픈 종말이라는 무게와 함께 돌아온다.

"정하셨나요?" 종업원이 다시 와서 묻는다. 저녁이라 기온이 쌀쌀해져서, 대구보다 더 따뜻한 요리를 메뉴판에서 찾는다…. 연어를 곁들인 파스타 요리가 좋겠다. 크림소스라면 살살 녹을 정도로 맛있을 것이다….

톡! 퐁당! 소리가 매일같이 망치로 두드리듯 물을 때리더니 노르웨이의 피오르 주변에서 울려 퍼진다. 3월에 내리는 싸락눈 소리처럼 들린다. 그런데 이 소리는 1년 내내 들린다. 알갱이 사료가 가두리 양식장 위로 끊임없이 쏟아져 내린다. 연어는 무얼 먹을지 고민할 필요가 없다. 아침, 점심, 저녁 전부 알갱이 사료다. 연어는 배가 고프지 않다. 그러나 연어의 본능은 알갱이 사료를 사냥하지 말고 오징어와 안초비를 따라다니라고 부추긴다. 양식장에서는 연어에게 머리가 지끈거릴 정도로 냄새가 강한 페로몬을 섞은 알갱이 사료를 계속 던져준다. 페로몬 냄새를 맡은 연어는 자기도 모르게 사료를 먹게 되고, 맛도 없는 사료로 배를 채우기 위해 양식장 안 다른 연어 15만 마리와 싸우기에 이른다.

연어 주위로 쏟아지는 알갱이 사료는 작은 만의 바다 밑바닥으로 흘러든다. 심해에서는 역한 냄새가 올라온다. 연어는 양식장에 쳐놓은 그물에 스쳐 지느러미에 아주 작은 상처만 입어도 뿌연 물속에서 즉시 감염된다. 하루도 빠짐없이 연어는 아프다. 단, 화요일은 예외다. 화요일마다 물에 항생제가 투여되어 연어가 별안간 건강을 되찾기 때문이다. 연어는 본능적으로라도 화요일의 의미가 무엇인지 결코 몰랐어야 했다. 어쨌거나 화요일은 젊음의 온천 요법이다.

서쪽에서 파도가 밀려와 피오르 쪽으로 들어오면 가두리 양식장은 현기증이 날 정도로 이리저리 심하게 흔들린다. 다른 파도보다 높은 파도가 밀려오면 연어는 반사적으로 공중으로 힘껏 뛰어올라 양식장 반대쪽으로 떨어진다. 연어는 여태껏 한 번도 보지 못했던 깨끗한 물을 발견하고, 해류를 따라가다가 이상하게 날씬한 자연산 연어들을 만난다. 이들과 함께 반짝이는 플랑크톤과 무지갯빛 해파리들이 소용돌이치는 바닷속에서 마음껏 안초비를 먹는다.

그러나 새로운 심해에는 화요일이 없다. 연어의 오랜 지병이 다시금 그를 좀먹어 들어간다. 얼마 지나지 않아 솜털이 난 것처럼 보이는 사상균증의 반점이 유독성 균류에 아무런 대비책도 갖추지 못한 다른 연어들을 감염시킨다. 어쩌면 병으로부터 살아남을 수도 있다. 봄이 되면 자기가 태어난 강물을 발견하고, 그곳에 새로운 생명을 낳기 위해 추억으로 가득 찬 강을 거슬러 올라가고 싶은 본능적인 욕구를 느낄 것이다. 그러나 이 연어는 강물이 아니라 플라스틱 통 속에서 태어났다. 자기가 태어난 PVC의 냄새를 찾을 수 없는데도 찾아 헤매고 다닌다. 결국 화가 난 그는 어디로 향하는지 알고 있는 다른 연어들을 따라간다. 아마 그 연어는 협잡꾼이 된 사실에 원통해하며 다른 연어들과 함께 댐과 그물을 극복하고 미지의 강을 거슬러 올라가는 데 성공할지도 모른다. 그곳에서 다른 연어들의 사랑에 뒤섞여 자기처럼 당황하며 아마도 결코 바다에 이르지 못할 한 세대의 양식 연어들을 낳을 것이다.

⊚

종업원이 짐짓 아쉽다는 표정으로 말했다. "아, 어떡하죠? 마지막 2인분이 방금 나갔는데…." 그렇다면 선택은 한 가지뿐이다. "그럼 로스트 치킨 주세요."

페루의 먼바다에서는 그물이 몇 킬로미터에 걸쳐 안초비 떼와 고래 몇 마리 그리고 그 한가운데에서 성대한 식사를 하던 쥐가오리들을 빨아들인다. 단 한 번에 1,600톤을 잡으면 수지가 맞을 터다. 그물이 물고기를 으깨는 것은 중요하지 않다. 아무도 먹지 않을 것이기 때문이다. 페루 안초비perurian anchoveta는 가시가 많으며 씁쓸한 맛이 돈다. 기름기가 풍부하지만 우리 식탁에 올릴 것은 아니다. 그럼에도 엄청난 숫자로 무리 지어 사는 페루 안초비의 장점은 있다. 육지에서 안초비를 가루로 만들 것이다. 양계들에게 먹이기 위해서.

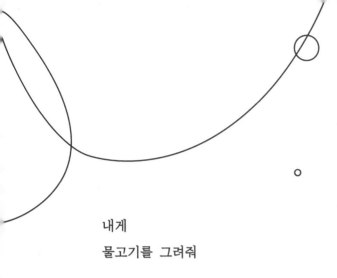

내게
물고기를 그려줘

생선가스가 말하게 하려고 애쓰는 곳

안초비의 맛을 알아가는 곳

바다를 보호하기 위한 고대인들의 원칙이 생선수프 조리법

에 포함되어 있는 곳

"물고기를 그려줘." 초등학교에서 설문 조사를 하려고
이렇게 부탁하면, 대부분의 학생이 종이에 사각형을 그려놓
는다. 아이들에게 물고기는 금빛 사각형으로 냉동고 속에서
산다. 그리고 지구상에는 정말 다양한 생물이 살겠구나 하는

생각을 갖게 해준다. 왜냐하면 학교 식당에서 살고 작은 막대
기처럼 생긴 여러 종의 물고기가 존재하기 때문이다. 8세에서
12세 사이의 어린이 910명에게 실시한 설문 조사 결과는 심
지어 그들 중 20퍼센트가 텔레비전에서 본 물고기라 불리는
동물과 접시에 담긴 생선가스 사이에 어떤 관련이 있는지 모
른다는 사실을 보여준다.

슈퍼마켓 진열대에서는 바다가 입을 닫는다. 거리의
소음과 겹겹이 두터운 포장 때문에 그 이야기 소리가 제대로
들리지 않는다. 도시에서는 인간과 그가 섭취하는 식품 사이
의 연결고리가 단절되어 있다. 일반적으로 포식자와 먹잇감
은 먹이사슬, 즉 강력하고 자연적인 고리로 연결되어 있지만,
인간은 오늘날의 먹이사슬에서 어떤 위치도 차지하지 않는
다. 우리는 더 이상 직접 먹이를 잡지 않으며, 심지어 음식을
음식이 아닌 다른 형태로는 인식하지 못한다. 먹고 있는 생물
의 존재마저 서서히 잊어버린다. 대량으로 조리되는 음식이
되어버린 생물의 삶을 부정한다. 우리는 자기가 먹는 생물의
이야기에, 포장지에 자세히 계산된 칼로리와는 다른 방법으
로 더 영양가가 있는 생물의 이야기에 귀를 기울이지 않는다.

모둠회초밥 접시에 놓인 물고기는 이제 더는 한 마리의 물고기가 아니라, 그저 '어떤' 생선에 불과하다. 추상적인 얇은 조각. 세모진 식빵 두 쪽 사이에 끼어 입이 틀어막힌 얇은 연어 조각은 우리에게 어떤 이야기도 들려줄 수 없다. 다들 바빠서 연어의 이야기를 들을 틈도 없이 한 입 먹을 때마다 더 빨리 먹으려고 물과 함께 집어삼킨다.

피자에 올리는 안초비는 케이퍼♦나 올리브처럼 이따금 논쟁을 불러일으킨다. 어떤 사람들은 안초비의 짠맛을 좋아하지만, 또 어떤 사람들은 그 맛을 싫어해서 빼버린다. 당신이 어떤 부류에 속하건, 안초비에 대해 생각해본 적이 있는가? 몸에 얇은 푸른색 줄이 있고 끝없이 펼쳐진 바다에서 잔잔히 떨며 일렁이는, 반짝이는 안초비 떼를 생각해본 적 있는가? 모든 것이 안초비 떼에 달려 있다. 이 물고기의 엄청난 양은 고래와 참치, 돌고래 등을 먹여 살린다. 안초비의 칼로리 덕분에 무수히 많은 종이 영양을 공급받을 수 있다. 당신은 안초비의 미스터리한 점을 생각해본 적 있는가? 안초비라는 단어가 남성명사인지, 여성명사인지 물었을 때를 제외하고.

♦　　지중해 연안에서 자생하는 식물로, 꽃봉오리가 향신료로 쓰인다.

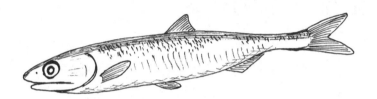

안초비

안초비의 머리는 희안하게 생겼다. 커다란 입은 눈 뒤쪽까지 갈라져 꼭 〈머펫 쇼〉 출연자처럼 보이는데 플랑크톤을 여과하는 역할을 한다. 큰 콧속에 자리 잡은 감각기관에 관해서는 아직 잘 알려지지 않았다. 부리 모양의 이 기관은 시신경과 이어진 신경세포로 가득 찬 일종의 젤라틴 덩어리다. 이 기관은 전기장을 지각하는 역할을 하는 것으로 추정된다. 안초비와 우리가 연결된 오랜 역사를 생각해본 적이 있는가? 고대 로마인들이 그토록 열광한 가룸 소스에 대해 생각해본 적이 있는가? 안초비를 액체에 담가서 만드는 가룸 소스는 아무것도 넣지 않은 누억맘♦처럼 아주 특이한 맛이다. (끔찍하게 좋지 않은 맛을 예의상 이렇게 표현했다.) 그런데도 고대 로마인들은 리터당 100유로(한화 약 13만 5천 원)에 해당하는 은화를 지불했다. 일부 역사학자들에 따르면, 율리우스 카이사르의 침공의 주요 쟁점 중 하나가 갈리아 남부의 가룸 생산 거점을 보호하는 데 있었다고 한다. 정어리 낚시로 생계를 잇던 아르모리크♦♦ 지방의 한 작은 마을은 제외하고 말이다. 당신은 안초비가 최근에 어떤 일을 겪고 있는지 아는가? 2005년, 프랑스

♦ 작은 생선을 소금에 절여서 발효하여 만든 베트남식 어장
♦♦ 옛날 갈리아의 한 지방으로, 현재의 브르타뉴반도와 프랑스 서부 일대를 말한다.

가스코뉴만의 안초비는 프랑스 어민들의 남획으로 인해 완전히 사라질 뻔했다. 그런데 최후의 순간에 스페인 어민들의 동원과 개입 덕분에 위기를 모면할 수 있었다. 안초비를 보호하기 위한 조치가 시행되자마자 아주 많은 수가 되돌아왔다. 오늘날 안초비는 드넓은 바다와 함께 가스코뉴만을 되살리고 있으며, 고래 떼와 무수히 많은 새를 이곳으로 불러들이고 있다. 그런데도 다른 모든 바다에서 똑같은 이야기가 되풀이된다. 해마다 약 620만 톤, 즉 살아있는 안초비 두 마리 중 한 마리가 잡힌다.

사회는 인간이 이야기를 못하게 하듯, 물고기도 이야기를 못하게 한다. 우리는 무관심 탓에 소심해진다. 지금은 모두 이해할 수 없는 복잡성의 세계에 살고 있다. 여기서 각 개인은 멈추지 못한 채 시간을 쫓아다닌다. 냉동식품 코너 선반에 포장된 대구hake는 프랑스의 라데팡스◆에서 정장에 넥타이를 맨 수많은 회사원처럼 놓여 있다. 대구에게 정장을, 인위적인 색깔의 포장을 입혔다. 대구도 회사원들처럼 자기가 선택

◆　파리 서쪽 외곽에 조성된 현대식 상업지구

하지 않은 역할을 해내야만 한다. 그리고 아무도 대구에게 어디에서 온 누구인지 묻거나, 대답을 하게 하거나, 또는 이야기를 들으러 오지 않을 것이다.

그렇지만 시간을 내어 바다의 목소리를 듣는다면 우리는 그들의 이야기를 쓰는 데 동참할 수 있고, 이야기의 끝을 선택할 수 있고, 그 속에서 역할을 수행할 수 있을 것이다. 나는 바다에게서 많은 이야기를 들었다. 어떤 사연은 슬프다. 트롤망의 농어sea bass 이야기, 거대한 심해용 그물이 떼로 잡아버린 한겨울 산란기의 농어들과 갑판 위에 짓눌린 생선 덩어리 속에 같이 빨려 들어간 돌고래 수십 마리의 이야기, 무분별하게 남획되고 소멸돼가는 전 세계 물고기의 현존량 31퍼센트에 관한 이야기를 듣는다면, 당신은 물고기들의 불행한 이야기를 알게 된다. 막연한 관료들과 가책을 느끼지 못하는 압력단체가 바다를 제 것처럼 여기고 완전히 고갈시키려는 불행한 이야기를…. 물론 아름답고 행복한 이야기도 많이 있다. 브르타뉴의 작은 항구들에는 이렇게 대구를 낚시하는 사람들도 있다. 열정적인 낚시꾼들은 하늘을 나는 갈매기들을 따라 멀리 떨어진 바위와 부서지는 파도 속에서 대구를 잡았고, 자기들을 먹고 살게 해주는 이 자연환경을 아주 존중했다. 대량으로 만들어진 완전히 네모난 냉동 알래스카명태Alaskan pollack도 있다. 그런데 그 포장지의 라벨에는 과학자와 어부들이 자원을 소중히 여기며 이 물고기들이 살던 빙해를 개발하기 위해 협력한다고 적혀 있다. 인류가 만족할 줄 모르는 기계를 공급하고, 미친 듯이 돌아가는 기계를 통제할 수 없게 되는 동안, 사람들은 생명을 보존하고 바다를 복원할 방법을 찾는다. 그들은 미래를 위한 진취적인 생각을 고안하거나, 과거의 현명한 원칙을 새로이 바꿔 나가는 방식을 취한다.

생선수프에 귀 기울여보고 싶은 이가 있다면, 그 안에도 몇 가지 이야기가 섞여 있다. 지중해의 항구들은 저마다 자신이 생선수프 만드는 진짜 레시피를 가졌다고 말할 것이다. 사프란을 더 넣거나, 백포도주를 덜 넣거나, 아니스♦를 더 넣거나, 더 오래 익히거나, 파를 넣거나 말거나…. 여기서 내 요리법은 공개하지 않을 것이다. 지루한 언쟁을 벌일까 봐 두렵기도 하고, 요리 비법도 비밀은 비밀이니까. 어쨌든 맛이 있으려면 생선수프에는 무조건 아주 다양한 종류의 근어根魚♦♦를

♦   선형과 식물로, 향신료나 향미료로 쓰인다.
♦   암초나 해초가 무성한 곳에서 멀리 이동하지 않고 사는 물고기를 통틀어 이르는 말

142

집어넣어야 한다. 이 점에 대해서는 모든 레시피가 일치한다. 요오드를 함유한 가느다란 놀래기와 섬세한 맛을 지닌 양놀래기ballan warasse, 수초 향이 나는 쥐노래미greenling, 향이 강한 쏨뱅이scorpionfish 등의 근어가 필요하다. '요리사들의 왕이자 왕들의 요리사', 쉬제트 크레이프와 피치 멜바♦를 만든 오귀스트 에스코피에는 최소한 일곱 가지는 넣어야 한다고 말했다. 많은 요리사가 수프에 훨씬 더 많은 종류의 물고기를 집어넣는다. 잡았지만 팔리지 않는 물고기를 활용하는 방식이다. 생선수프에 넣는 어종의 다양성은 지중해에서 작은 규모로 조업하는 이들의 원칙을 반영한다. 그에 따라 거의 유토피아에서나 볼 수 있는 이 고결한 자원을 500년이 넘는 세월 동안 공동체적이고 생태적으로 꾸준히 관리해왔다.

15세기부터 지중해의 어항들은 '조정위원회'를 발전시켜왔는데, 어민들이 선출한 어민 심판관들로 구성된 이 조직은 연안 어업 규제를 담당했다. 지구가 돈다는 사실을 인류가 발견하기 전부터 이미 그들은 깨닫고 있었다. 바다는 우리 모두의 것이며, 바다에서 나오는 산물의 공평한 분배는 연대, 어선단과 조업 장비의 제한 그리고 직업의 다양성에 바탕을 둔

♦　　익힌 복숭아로 만든 디저트의 일종

다는 사실을 알았다. 기본 원칙은 간단했다. 다들 배부르게 먹을 수 있어야 한다. 단, 바다가 줄 수 있는 것 이상을 채취해서는 안 된다. 상식이 있는 지역 전문가들은 파괴 경쟁 대신에 해산물 분배 규정을 정해서 지키게 만들었다. 지나치게 파괴적인 장비는 일절 금지되었다. 조업방식과 대상 어종을 다양화했다. 오직 한 어종에만 모든 노력을 집중하여 생태계를 교란하거나 특정 직종에 더 많은 혜택을 주지 않기 위해서다. 그 결과 생선수프에 각 어종이 조금씩 들어갔으며, 깊고 풍부한 맛을 낼 수 있었다. 당연히 어류자원도 보호할 수 있었다. 비록 국가와 초국가적 기관들이 관련 규율을 따르지 않는 수산업에 보조금을 지원하는 상황에서도, 이러한 조직은 꾸준히 유지되고 있다. 어업 분야의 조정위원회는 지금도 수공업적 활동을 이어가고 있으며, 오래전에 정한 기존 원칙을 여전히 따르고 있다. 조직을 금지하려는 경제적·행정적 압박에도 조정위원회는 살아남았다. 그들은 바다와 자신들의 전통을 향한 사랑 덕분에 바람과 파도를 견뎌냈다. 오늘날에도 지중해 항구 어디에서든 뾰족하고 울긋불긋한 그들의 배를 볼 수 있다. 이 모습은 한 시대의 살아 있는 유물이다. 우리는 여기서 착상을 얻을 수도 있을 것이다. 왜냐하면 조화로운 과거에 대한 기억은 하나의 희망이며, 언젠가 그 원칙을 다시 꽃피울 잊힌 씨앗이기 때문이다.

운 좋게도 나는 바닷속 생물의 삶과 비밀을 자주 목격했다. 해저에서 펼쳐지는 스펙터클을 통해 바다의 이야기를 직접 듣는 일은 무척이나 행복하다. 바다에서 멀리 떨어진 상점의 상품이나 조리된 요리에서 들리는 그들의 이야기 또한 즐겁다. 상품의 기원과 투명한 팩에 담긴 생선 덩어리에 관심을 두고, 이 생선은 어디에서 왔으며 그의 바닷속 삶은 어떠했을지 상상해보기. 이것이 바로 자연과의 끊어진 관계를 회복하는 첫걸음이자, 먹이사슬에서 우리의 위치를 파악하고, 그 안에서의 우리 역할을 이해하는 일이기도 하다. 그리고 이 과정에는 당연히 존중이 전제되어 있다.

생태계에서 자기 위치를 되찾으면 매우 자연스러운 즐거움을 느낄 수 있다. 성게나 조개를 줍다 보면 우리의 뇌가 부추기는 원초적 본능이 되살아난다. 그것은 부활절 달걀을 찾는 어린아이나 포켓몬을 찾는 청소년의 소박한 즐거움이다. 어쨌든 우리는 이러한 즐거움을 우리 조상의 뇌가 처음으로 느꼈던 원초적인 범주, 말하자면 먹이사슬의 범주에서 다시 맛보아야 한다. 그러면 우리의 자연스러운 본능이 포획을 제한하고, 자원을 보호하고, 어장의 비밀을 간직하라고 우리를 이끌 것이다. 그때로 다시 돌아가고, 영원히 그것을 누릴 수 있게. 무엇이든 더 사라고 부추기는 상점과는 달리 자연은 우리에게 한계를 지키라고 제안한다. 생태계에서 우리의 자리와 역할을 자각한다면 자연은 우리가 생태계를 지킬 수 있게 이끌어줄 것이다.

나는 이러한 뿌리를 찾는 데 어려움을 느꼈다. 그 뿌리는 대도시의 아스팔트를 쉽게 뚫고 나오지 못했다. 어느 정도 멀리서 들려오는 이야기는 제외하고, 우리가 길거리와 벽 사이에 갇혀 있을 때 우리를 다른 종들과 연결해주는 고리를 어디에서 잠시라도 볼 수 있을까? 나는 바다를 향한 사랑을 함께 나누기 위해 바다의 이야기를 알고 싶었고, 또 다른 사람들에게 들려주고 싶기도 했다. 그러나 사람을 소외시키는 도시는 항상 나를 바다에서 멀리 떼어놓았다. 도시에서는 공사 중일 때 말고는 아무도 땅을 보지 않는다. 다들 건물 사이에 조각조각 나뉜 하늘만 본다. 사람들은 걷지 않는다. 다들 운송수단의 흐름에 휩쓸려가고, 전파를 이용해 멀리서 다른 사람들에게 말을 한다.

우리는 공간 속에서 자신의 위치까지 잃어버린다…. 우리에게는 시간에 대한 감각만 남아 있다…. 하지만 이제는 시간조차도 대부분 오직 스트레스의 형태로만 느껴진다.

⟳

어릴 때 나는 물의 여행을 상상하며 자주 공상에 빠지곤 했다. 물이 세면대의 구멍을 통해 빠져나갔다. 나는 물방울이 미끄럼을 타듯 수도관을 빠져나가서 바다를 향해 경주를 벌이는 모습을 상상했다. 물이 세면대를 통해 탈출하는 것 같았다.

나는 배수구 속으로 실을 집어넣으면 아마 넓은 바다, 아니 적어도 강까지는 실을 풀 수 있으리라고 여겼다. 그리고 얼음에 구멍을 뚫는 이누이트처럼 바다에 사는 (배관을 통과할 정도로 가느다란) 물고기나 보물이 우리 집으로 거슬러 올라오는 상상도 했다. 기적을 낚으려는 모험 탓에 부모님은 실패를 몇 개나 버려야만 했다.

도시 한복판에서, 자연 속 내 자리를 되찾는 법을 발견하기까지, 거리의 소음 속에서도 물고기의 이야기를 들을 수 있는 방법을 찾기까지 오랜 시간이 걸렸다. 나는 자연이 실제로 얼마나 우리 가까이에 있는지 깨닫지 못했다. 내 아파트에서 겨우 몇 미터 떨어진 곳에서 놀라운 발견을 하고, 아스팔트로 덮인 인도 아래에서 믿을 수 없는 종을 만나게 되리라고는 짐작도 하지 못했다.

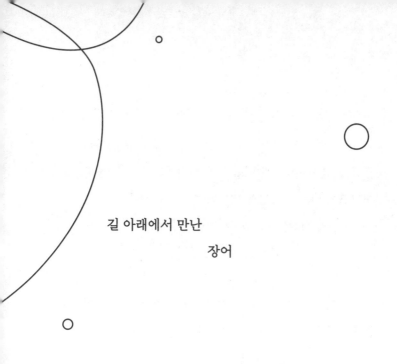

길 아래에서 만난 장어

수중의 파리로 통하는 문을 여는 곳
몸이 비늘로 뒤덮인 물고기들이 센강 아래에서 가장 전형적
인 파리지앵으로 살아가는 곳
어떤 장어가 간절히 카리브해로 떠나고 싶어 하다가 결국은
영원히 죽지 않게 된 곳

"엑스선 사진 좀 줘봐."

나는 추위 탓에 둔해진 손가락으로 봉투에서 플라스틱
시트 하나를 꺼냈다. 장갑을 낀 손 하나가 어슴푸레한 어둠 속

에서 시트를 움켜잡았다. 문을 따라서 뭐가 미심쩍게 부딪치고 구겨지는 듯한 소리가 났다. "아이고, 진짜 녹이 많이 슬었네…." 갑자기 자물쇠가 열렸다. 경첩이 삐걱거렸다. 그는 내게 엑스선 사진을 돌려주었다. "어쨌든 사랑니 뺄 때 보면 유용할 거야…. 자, 열렸으니까 다들 가자고."

한 사람씩 차례로 터널의 어둠 속으로 걸어 들어갔다.

지하의 어둠 속에서 우리는 서로가 내뿜는 입김에 둘러싸인 세 명의 유령 같았다. 문이 다시 닫히고, 전등을 켜야 할 순간이 되었다. 희끄무레한 빛줄기가 어둠을 꿰뚫고 운하의 물속에 동그란 빛 하나를 그렸다. 물은 믿을 수 없을 만큼 깨끗하고 잔잔했다. 천장에서 반사광이 은빛 불꽃처럼 춤추듯 흔들리지 않았더라면 거기에 물이 있다는 사실조차 눈치채지 못했을 것이다.

우리가 든 전등은 마치 붓으로 그림을 그리듯 운하 바닥 위를 이리저리 옮겨 다녔다. 밝게 빛나는 창문처럼 운하를 밝히며 곧 사라질 비밀을 밝혀냈다. 놀라운 풍경이었다. 여기저기 조개나 맥주병이 보이는 밝은색 모래 계곡, 초원처럼 넓게 펼쳐진 수초 무리, 물속에 빠뜨려 쌓여 있는 전동킥보드들. 터널의 궁륭 아래를 걸어 나가면서 우리 눈은 전등 불빛에 고정되었고, 물을 쓸어가는 불빛의 리듬을 따랐다. 빛은 두 번째 시선이 되었다.

갑자기 반짝이는 점 여러 쌍이 어둠 속에서 반사경처럼 환하게 빛났다.

"봐봐, 걔들이 저기 있어." 전등을 하나씩 껐다.

우리 위로 복잡한 도로의 소음이 추억처럼 떠돌아다녔다. 이따금 지하철이 윙윙거리는 소리를 내며 달려갔지만, 터널 가장자리에서 슬픈 선율로 바뀌는 메아리에 불과했다.

몇 미터 떨어진 지상에는 혼잡한 도로와 땅을 덮은 아스팔트, 너무 높아서 하늘을 얇은 조각으로 잘라놓는 건물들이 있었다. 파리라는 도시가 있었다. 이곳에서 나는 너무나 자주 나 자신이 뿌리 뽑히고 변질된다는 느낌을 받았다. 오랫동안 나는 파리가 인공적이고, 포장도로가 깔려 있는 탓에 땅과 생명 그리고 자연의 요소들과 맺어야 할 중요한 연결고리가 끊어져버렸다고 여겼다. 그러나 이제 나는 이 도시를 사랑하게 되었다. 파리가 삼켜버렸던 비밀을 발견했기 때문이다.

두 부류의 파리지앵이 있다. 물 밑에서 사는 파리지앵 그리고 그 나머지.

나는 나머지에 속해 있었지만, 어느 날 물 밑에서 사는 파리지앵들을 알게 되었다.

'파리 길거리 낚시단'이라는 정말 독특한 동호회를 통해 물속 파리지앵을 만날 수 있었다.

낚시단은 당신과 나처럼 나이도 제각각, 출신도 제각각이다. 하지만 단 몇 시간이라도 자유 시간이 생기면 헤드 랜턴을 쓴 다음 낚싯대를 들고 파리의 배 속 깊은 곳으로 사라진다. 물 밑에 나란히 비밀스럽게 자리 잡은 세계를 탐험하기 위해서다.

낚싯대는 물속 세계에 사는 이상한 거주자들을 더 가까이 관찰하기 위한 핑계에 지나지 않는다. 그들은 수중 세계에서 살짝 나왔다가 조심스럽게 다시 그 안으로 들어간다. 파리의 수중 생태계를 훼손하는 사람은 조심하라. 이 동호회는 어디를 가나 연락원이 있고, 자기 가족을 감시하듯 물속 주민들도 감시한다. 낚시단은 어디에나 있다. 지금 이 순간은 물론, 밤낮으로, 길거리 아래에도 있고, 강둑을 따라 난 길에도 있고, 숲속에도 있고, 정원에도 있다.

나는 길거리 낚시단이 벌이는 비밀 탐험에 빠르게 참여했다. 이 사람들을 만나게 된 뒤로는 파리를 더는 예전과 같은 방식으로 보지 않게 되었다.

땅에 사는 파리지앵처럼 물속에 사는 파리지앵 역시 있는 그대로 파리지앵이다. 파리의 전형적인 개성을 똑같이 갖추고 있다.

특히 아름다운 동네가 더 심하긴 한데, 물속에 사는 파리지앵들은 우아하고 속물적이다. 루브르박물관과 노트르담 성당에서 가까운 강변에는 퍼치perch들이 산다. 전형적인 파리지앵이다. 퍼치는 센강의 색에 맞춰 줄무늬 드레스를 입고, 봄이 오면 붉은색 지느러미로 치장한다. 사소한 유행이라도 따르겠다며 곁눈으로 서로를 훑는다. 혹시라도 누가 아늑하게 쉴 수 있는 수초 더미나 글루텐이 없는 어린 물고기처럼 좋은 것을 발견한 듯 보이면, 그들은 순식간에 떼로 몰려든다.

파리 플라주◆의 태양 아래에서는 힙스터도 일광욕을 즐긴다. 몸이 길쭉하고 은빛을 띤 잉어chub들은 주류로 보이지 않게 강을 거슬러 올라간다. 민물에 사는 이 진정한 보보◆◆들은 매일 식단을 달리한다. 어느 날 저녁에는 오직 날개미에 대해서만 식욕을 느끼는가 하면, 그 이튿날에는 채식주의자가 되어 댐 주변의 수초 이끼만 먹으려고 든다.

◆ 여름에 휴가 여행을 가지 못하는 파리지앵들을 위해 센강 변을 따라 인공해변을 만들어놓고 휴가 분위기를 느끼게 해주는 이벤트

◆◆ 부르주아 보헤미안Bourgeois-Bohème의 약자로, 경제적으로 풍족함에도 보헤미안의 사고방식으로 살아가는 사람들을 일컫는다.

선상 레스토랑 아래에는 몽유병자들의 파리가 있다. 메기는 어둠이 내린 뒤에야 깨어나 배의 요리사들이 현창으로 내던진 음식물 찌꺼기로 푸짐한 식사를 한다. 뱀처럼 생긴 끈적끈적한 메기는 놀랄 만큼 식욕이 왕성해서 금세 2미터 넘게 자란다. 정통 파리지앵들이 그러듯 자기들이 다른 지역 출신이라고 주장한다. 이 메기는 프랑스 동쪽 지방에서 왔다. 조상들은 빙하시대에 로렌 지방에서 헤엄쳤을 테고, 아마도 당시 스트라스부르 소시지를 먹어봤을 것이다. 어쨌든 소시지는 그가 몹시 좋아하는 미끼다. 거의 앞을 못 보는 메기는 긴 수염의 도움으로 더듬거리며 찾아낼 수 있는 모든 것을 먹어치운다. 이런 메기는 오리와 수달의 잠을 방해하는 센강의 공포다.

메기는 대식가 포식자처럼 생겼지만 알고 보면 가정적인 물고기다. 6월에 수양버들 뿌리가 물에 잠겨 있는 센강 변을 걷다 보면 이상한 광경이 눈에 들어온다. 상늙은이처럼 보이며, 검은색에다 칼자국 같은 것이 나 있어서 소름끼치게 하는 메기 커플은 수초와 나무뿌리로 된 요람 앞에서 나귀와 소가 아기 예수에게 그랬듯이 서로 번갈아가며 알들을 향해 부드럽게 숨을 내쉰다. 산소를 공급해주기 위해서다. 수컷 메기는 치어들이 스스로 헤엄칠 수 있을 때까지 열흘 정도 살핀다.

강물이 불어나면 파리의 물고기들이 사는 집의 집세도 폭등한다. 물고기들은 물의 흐름에서 몸을 보호할 수 있는 몇 안 되는 장소인 콩코르드다리 아래나 강물이 굽이쳐 흐르는 파리 교외의 몇 군데에 빽빽하게 모인다. 러시아워의 파리 지하철보다 더 혼잡하다. 탁하고 진흙탕 같은 물속에서 민물도미bream 떼가 잔더zander와 강꼬치고기들에게 몸을 갖다 붙인 채 빽빽이 모여 있다.

센강과 생마르탱운하의 수면 아래에는 뒤로 걷는 가재 crawfish도 살고, 납줄개bitterling와 작은 피라미minnow가 와서 알을 낳는 커다란 진주모빛 민물홍합도 산다. 버려진 금붕어는 어항에서 멀리 떨어진 이곳에서 건강을 되찾아 몸무게가 1킬로그램 가까이 나가기도 한다. 물고기 30여 종과 무척추동물 100여 종이 잘 보이지 않고 알려지지도 않은 세계에 살고 있다. 해마다 새로운 종들이 점점 덜 오염된 이 물로 다시 모여든다.

몇몇 거주자들은 훨씬 더 조심스럽다. 파리 길거리의 지하는 항상 밤이다. 땅 밑에 사는 밤의 포식자들은 지하 운하의 어슴푸레한 빛 속에서 몸을 숨기고 있다.

⦿

    길게 퍼진 손전등 불빛의 끝에 빛을 뿜는 두 눈이 반짝였다. 우리는 살그머니 다가갔다.

    마치 꿈에서 깨어난 듯 희미한 빛 속에 처음으로 나타난 형태가 소리 없이 물결쳤다. 하지만 잘못된 경보였다. 우리가 찾던 것이 아니었다. 몸에 물결무늬가 있는 뱀 모양의 장어들이 전등 불빛 속에서 천천히 헤엄치고 있었다. 장어를 본 적 있다면 단번에 천천히 헤엄치는 이 장어들이 일반적이지 않다고, 아주 이상하게 뒤섞인 겉모습 속에 미스터리를 숨기고 있다고 생각하게 된다.

    유럽에 사는 다른 장어들과 마찬가지로 파리의 장어들도 카리브해에서 태어났다. 정확히 어디에서 태어나는지 아는 사람은 없지만, 앤틸리스제도 북동쪽에 위치한 사르가소해의 깊은 바닷속이라고 짐작한다. 새끼 장어를 댓잎장어 leptocephalus라고 부르는데, 길이가 겨우 몇 밀리미터밖에 안 되고 버드나무 잎과 닮았다. 너무 투명해서 맨눈으로 보면 댓잎장어들이 이리저리 물결치며 옮겨놓는 플랑크톤밖에 보이지 않는다. 새끼 장어들은 크기에 견주어 커다란 용의 이빨을 가졌다. 댓잎장어들은 5천 킬로미터나 떨어진 유럽의 해안으로 가기 위해 몇 달 동안 쉬지 않고 멕시코만류를 헤엄친다. 가는 도중에 조금씩 변태해서 뱀 모양을 띠며, 이미 장어의 축소물로 보이는 새끼 뱀장어 형태로 강을 거슬러 올라와 강가에 도착한다. 짠 바닷물에서 민물로 이동하면 대부분의 물고기에게 치명적일 수 있는 삼투압 충격이 생긴다. 하지만 장어에게는 앞으로 겪을 수많은 시련에 비하면 아무것도 아니다. 장어가 큰 강을 거슬러 올라가 잔잔한 강의 지류에서 살기로 결심했다면 절대로 막을 수 없다. 만일 강에 댐이라도 있으면, 장어는 며칠이 걸리더라도 들판을 기어서 가로지를 것이다. 혹시라도 흐르는 물을 찾지 못할 경우, 장어는 파이프든 샘 또는 땅 위로 흘러나오는 지하수든 미끄러져 들어가서 강에 다다를 때까지 지하수층 속을 여행할 것이다.

장어는 바다가 자신을 부르는 그날까지 강에서 힘을 얻고 성장할 것이다. 바다의 소리가 들리면 은색 옷을 차려입고 강어귀까지 내려간 다음 고향인 사르가소의 심해까지 여행할 것이다. 이 과정에서 장어는 사랑을 나누고 어두운 미스터리 속에서 한 생명을 탄생시킨 뒤 숨을 거둔다. 100년 넘도록 연구가 계속되었지만, 아무도 장어들의 최종 목적지까지 따라갈 수 없었다. 멈추거나 먹지도 않고 여섯 달을 헤엄친 끝에 장어들이 새로운 생명을 낳는 곳의 정확한 위치도 찾을 수 없었다.

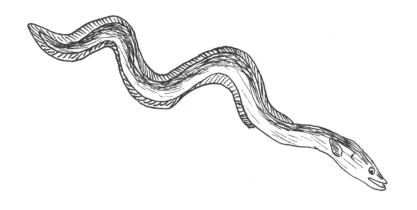

유럽 장어

왜 장어들은 알을 낳기 위해 그토록 오랫동안 고집스럽게 여행하는 것일까? 그것은 바다보다 더 오래된 이야기다. 수백만 년 전에 장어는 프랑스 해안 근처에 알을 낳았다. 그 무렵 대서양은 생긴 지 얼마 안 되는 작은 바다였고, 유럽과 아메리카 대륙은 매우 근접해 있었다. 그러나 대륙 이동으로 유럽과 아메리카 대륙은 1년에 몇 센티미터 속도로 멀어졌다. 장어들은 이 사실을 인식하지 못하고 계속해서 온도와 깊이가 적합한 해저에 알을 낳았다. 자기가 태어난 물에 충실한 장어들은 멀어져간 그 물에 다시 합류하기 위해 떠나는 먼 여행에 적응해나갔다. 지금은 수천 킬로미터를 여행해야 할 정도다. 장어는 아주 끈질긴 물고기다.

운명의 부름에 따라 대양으로 가야 하는 장어. 불행히도 극복할 수 없는 장애물이 길을 막고 있다 할지라도, 영원히 기다려야 한다면 장어는 그럴 준비가 되어 있다. 민물에 가로막힌 장어는 여행자의 은빛 제복을 포기하고, 다시 금빛 제복으로 갈아입는다. 그리고 마치 불사신처럼, 장애물이 사라질 때까지 필요한 시간을 기다린다. 자신의 운명을 실현할 때까지 죽지 않기로 결심한 듯하다.

빅토르 위고가《명상》이라는 시집을 쓴 것은 1856년이었다. 그 무렵 스웨덴의 브란테비크 마을에서 사무엘 닐손이라는 8세 소년이 조부모 집 우물에 장어 한 마리를 던졌다. 당시에는 여덟 살 어린아이가 우물에 장어를 던진 일이 그리 큰 잘못으로 여겨지지 않았다. 되레 장어는 우물을 오염시키는 여러 곤충과 다른 벌레를 없애는 좋은 수단이 될 수 있었다. 어른들은 사무엘을 야단치지 않았고, 우물 속 장어를 그냥 내버려두었다. 이 엉뚱한 행동은 잊힌 듯 보였다. 사무엘은 자기 증손자들을 통해 장어 이야기를 듣게 될 줄은 꿈에도 몰랐다. 그는 장어에게 올레라는 이름을 붙여주었다. 스웨덴어로 장어는 올ål이기 때문에 그리 독창적인 이름은 아니었다.

우물에는 출구가 없었다. 장어는 거기에서 바다로 갈 수 없었고, 결국은 기다리는 걸 포기했다. 한 달 두 달이 지나고 한 해 두 해가 흘렀다. 사무엘 닐손은 자라서 집을 떠났고, 빅토르 위고는 《레미제라블》을 썼다. 올레의 눈은 조금씩 어둠에 적응해갔다. 수십 년의 시간이 흘렀다. 집은 주인이 바뀌었고, 세대가 이어졌다. 빅토르 위고는 프랑스 국립묘지인 팡테옹에 묻혔고, 인류는 자동차에 이어 비행기를 발명했으며, 대전이 두 번 일어났다. 핵의 재난이 벌어졌고, 닐 암스트롱이 달에서 걸었다. 장어는 계속 우물 속에 살며 기다렸다. 사람들은 발견과 혁명을 찬양했다. 올레는 여전히 우물에서 살며 이따금 브란테비크 신문의 '지역 소식'에 실리곤 했다. 어느 날은 올레가 권태롭지 않게 친구 장어를 우물에 넣어주었다. 일본에서는 전 세계에서 수입한 댓잎장어를 맛보는 사치스러운 유행이 번졌다. 옛날에는 수가 많고 유해 동물로 분류되기까지 했던 장어는 유럽 전역에서 차츰차츰 줄어들어 결국 심각한 멸종위기종으로 분류되기에 이르렀다. 장어의 90퍼센트가 사라졌다. 하지만 올레는 이런 사실을 모르고 있었다. 우물에서 출구를 찾아 사르가소해로 돌아갈 때까지 살기로 결심했다. 시간은 어떤 영향도 미치지 않았다.

이 이야기는 2014년 여름에 열린 가재축제 때 비극적인 결말에 이르렀다. 우물 뚜껑이 잘못 닫혀 물이 데워지는 바람에 올레가 삶아진 상태로 발견된 것이다. 그는 155년 동안 살았다. 110년을 살았지만 아직 이름도 없이 함께 지낸 친구는 살아남아 지금도 우물에서 때를 기다리고 있다. 이름 없는 장어는 100년 이상을 기다렸다. 그는 영원을 맛본 것일까, 아니면 언젠가는 운명을 이루리라는 희망 속에서 살아남았을까? 만일 오늘이라도 이 장어를 흐르는 물에 풀어준다면, 그는 무엇을 느낄 수 있을까? 살아남은 다른 장어들 곁, 새로운 세상 한복판에 풀어준다면. 우물 속 영원을 떠나는 뜻밖의 기쁨을 느끼고, 사르가소해를 향해 돌아오지 않는 여행에 과감히 몸을 맡길까?

그날 저녁, 우리는 어두운 운하 속에서 장어를 관찰하러 간 것은 아니었다.

우리는 손전등을 다시 움직여 자갈이 깔린 바닥을 비추었다. 깎아낸 돌을 쌓아올린 둑 아래로 재첩Asian clam 수백 마리와 작은 조개들이 달라붙어 돌 표면에서 투박한 질감이 느껴졌다. 가시가 있고 거의 투명한 민물농어ruffe들이 튀어올랐다. 농어들의 망막은 전등 불빛에 반사되어 도깨비불처럼 반짝였다. 희끄무레한 피라미들은 물의 중간 깊이에서 소스라치게 놀라면서도 잠이 들었다. 이따금 우리는 서두르지 않고 유유히 도망치는 금갈색 잉어carp를 보며 놀라곤 했다. 전등의 동그란 빛만을 볼 수 있었는데, 그 안에는 스포트라이트를 받는 예술가들처럼 물고기들의 그림자가 나타났다. 추위를 견디며 지하에서 울리는 메아리 속을 몽유병자들같이 걸어갔다. 박쥐들이 천장에서 연필 깎는 소리를 내며 찍찍거렸다. 앞에 보이는 강둑에서 왜가리heron 한 마리가 한 발로 날아오르더니 유령처럼 사라졌다.

"자, 저기 한 마리 있네요! 잘 봐봐요!" 둥글고 큰 진주모빛 눈 두 개가 어두운 운하 밑바닥에서 빛나고 있었다. 갈색의 다부진 형체가 눈을 둘러싸고 있는 듯했다. 빛을 내뿜는 두 눈이 천천히 멀어져갔다.

　밤의 포식자인 잔더였다. 우리가 찾던 물고기였다. 강꼬치고기와 퍼치의 중간쯤 되는 물고기로, 이빨이 날카롭고 경계심이 커서 잡기 힘든 육식동물이다. 놀라서 도망치지 않게 하려면 천천히 접근해야 했다. 잔더가 어두운 물속에서 움직일 때 빛의 가장자리가 그의 그림자를 살짝 스치게끔 조심해야 했다.

　지하 세계에서 천천히 도망치는 몽환적인 형태를 뒤쫓아가다 보니 이상하면서도 결코 익숙해질 수 없는 무척 강렬한 감정이 나를 채웠다. 내 모든 감각이 그 물고기를 지켜보고 있다고 생각하자 원초적이며 동물적인 충만감이 느껴졌다. 시선과 심장박동 그리고 오로지 물과 생명으로만 이루어진 자연을 관찰할 때 빠져 있는 생각 등… 이 모든 것이 경계태세에 있었다. 나는 물고기가 있다는 증거를 눈으로 찾았고, 그의 움직임을 예측해보려 애썼다. 그러자 나도 먹이를 찾는 포식자에 불과해졌다. 어릴 적에 세면대 수도관 안으로 집어넣은 끈이 떠올랐다. 그때 나는 그 끈이 물고기가 사는 물속을 찾아가 물고기를 매달고 돌아오기를 바랐다. 허황된 생각을 한 것이 아니었다. 원시의 삶은 그리 멀지 않은 곳에 존재했다. 이

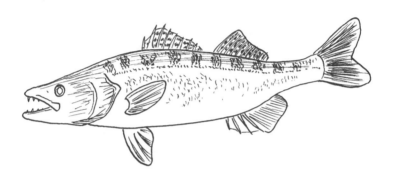

잔더

같은 삶은 자신을 숨긴 채 나를 기다리고 있었다. 나는 파리를 덮고 있는 콘크리트의 10미터 아래 터널 속에서 지하 운하를 탐색하며 어린 시절의 끈을 다시 이었다. 생명의 연쇄 속에서 본래 자리를 다시 발견했다.

자연에서 살아남도록 진화한 우리는 먹이를 쫓을 때뿐만 아니라 포식자를 피할 때도 행복감을 느낀다. 인간의 뇌를 구성하는 선조체는 조상들이 자연 속에서 아주 작은 반응만 보여도 진정한 행복의 마약인 도파민을 분비해주었다. 조상들은 먹잇감을 구해서 먹었을 때도 구하지 못했을 때도 즐거움을 찾으려고 애썼다. 새의 노랫소리를 듣고, 식용 열매를 찾고, 먹잇감의 흔적을 발견하고 포식자의 접근을 막는 모든 활동이 조상들의 즐길 거리였다. 우리 뇌의 선조체는 여전히 기능하지만, 선조체가 당황하고 마는 현대 생활에서 이런 원시적 즐거움을 헛되이 찾는다.

"앗, 하천 경비대가 나타났다!"

터널 끝에서 서치라이트 두 대가 우리를 비췄다. 셰퍼드가 짖어대고 구둣발 소리가 들렸을 때 내 몸에서는 도파민이 많이 분비되었을까? 어쨌든 순식간에 나는 먹이사슬에서 가장 완전한 나의 자리를 차지했다. 물고기의 포식자였던 우리가 이제 막 경찰의 먹잇감이 된 것이다.

우리는 물의 파리에 몰두한 나머지 지상에 사는 파리 지앵들이 입구에 붙여놓은 '출입 금지' 표지판을 보지 못했다. 곁쇠질해서 연 문은 이미 멀리 있었다. 그러나 우리는 재빨리 먹잇감의 본능을 발휘하여 상황을 이해했으며, 깊이 생각해 보기도 전에 아드레날린이 도파민과 결합했고 출구를 향해 내달렸다.

별로 영광스럽지 못한 패주이긴 했지만, 우리를 추격하는 이들은 원초적이며 동물적인 본능의 민첩성에 도저히 맞서지 못했다. 그들은 우리가 출입이 엄격히 금지된 장소에 오직 물고기를 보러 왔을 것이라고는 전혀 생각도 못한 채 여기저기로 흩어졌다.

밖으로 나와 노란 가로등 불빛 아래를 걸을 때 실패로 끝난 우리의 모험은 벌써 도시 전설이 되었다. "개가 불만에 가득 찬 표정이더라고! 게다가 입마개도 안 했더라니까! 전선에 걸려 넘어지지 않아 천만다행이지!" "만약 우리가 붙잡혔으면 벌금을 얼마나 냈을까?" "몰라. 궁금하면 가서 물어보든가. 난 그럴 생각이 눈곱만큼도 없으니까." "어둠 속에서 달리려니까 정말 힘들군⋯." "아까 그 잔더는 10킬로그램은 충분히 되겠던데. 그렇게 큰 놈은 처음 봤어." "아까 장어도 봤나? 어떤 놈은 내 다리만큼 굵더라고." "우리가 들키지만 않았으면 잔더를 잡을 수 있었을 텐데. 멋진 사진도 찍고 말이지."

그날의 모험은 벌써 한 편의 소설이 되어가고 있었다. 터널은 더 어두워졌고, 잔더는 더 굵어졌으며, 경찰은 더 두려운 상대가 되어버렸다. 운하에 숨어 있던 물고기들은 우리의 숨 가쁜 탄성을 통해 자신들의 이야기를 시작했다.

우리는 잔더를 잡지 못했다. 그 대신 한 편의 이야기를 얻었다.

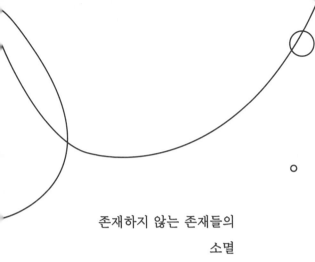

존재하지 않는 존재들의
소멸

존재하지 않는 종을 보호하기 위해 온 힘을 쏟아야만 하는 곳

잊을 수 없는 로마인들의 빨판상어 이야기를 발견하는 곳

실제로 존재하는 큰바다뱀이 지진을 예측하는 곳

잠수부가 처음으로 직접 바닷속을 보기 훨씬 전인 1만 년 전 해저는 무엇과 닮았을까? 우리는 도시도 없고 도로도 없고 전선도 없고 경작지도 없이, 빽빽한 숲과 야생의 대초원으로 덮인 문명 이전의 대지를 쉽게 상상할 수 있다.

하지만 바다는 도대체 어떤 모습을 하고 있었을까?

분명 바다에는 훨씬 더 많은 생물들이 살고 있었을 것이다. 지중해 해안이 무척이나 작은데도 지중해몽크물범mediterranean mont seal들이 우글거렸다. 터키의 섬들에 특히 그 수가 많았기에 물범의 이름을 따서 그 주변 이름을 붙일 정도였다. 여행객들은 프로방스 해변에 훗날 '포세아의 도시'로 알려진 마르세유를 세웠다.

오늘날 지중해몽크물범은 겨우 500마리만 남아 고립된 동굴 속에 숨어 살고 있다.

300년 전만 해도 베링해협에는 수많은 바다소sea cow가 해초 지대에서 해초를 뜯어 먹고 있었다. 스텔러바다소Steller's sea cow라고 불리는 이 동물은 길이가 8미터나 됐다. 마지막 바다소는 200년 전 이곳에서 잡혔다. 내가 이 글을 쓰고 있는 지금, 몸이 검은색과 흰색을 띠고 있으며 전 세계 고래류 중에서 가장 작은 캘리포니아 돌고래 바키타vaquita는 열 마리밖에 남지 않았다. 지구상에서 큰 물고기들의 수는 지난 몇백 년 동안 3분의 2로 줄어들었다.

이 사실은 우리에게 경종을 울린다. 오늘날 존재하는 종들이 자꾸 사라져간다는 사실에 불안해하는 것은 아주 당연한 일이다. 하지만 존재하지 않는 존재들의 소멸에 누가 불안감을 느낄까? 그들 역시 큰 위협을 받고 있는데 말이다!

옛 항해자들이 배를 난파시킬 정도로 많았다고 말하던 큰바다뱀sea serpent은 어떻게 되었을까? 우리 가운데 지난 2세기 동안 세이렌의 노랫소리를 들은 사람이 있을까? 트리톤◆과 바다 괴물은 어디로 갔을까? 이들도 존재할 필요조차 없이 그냥 사라지는 중일까?

나는 선사시대의 바다가 어땠는지 알고 싶다. 그 시대의 바다에는 많은 물고기가 살았을 뿐만 아니라, 이야기 또한 가득했을 테니까. '선사시대◆◆'라는 단어로는 알 수 없지만, 이야기가 태어난 것은 선사시대 때다. 아무것도 쓰거나 메모하지 않았음에도 그 이야기는 듣는 이들의 상상 속에 살아 남았고 내용이 바뀌면서 전해졌다. 이야기는 말처럼 자유롭고 일시적이었다.

사람들은 세계를 설명하고 더 잘 상상하기 위해 전설이라면 무엇이든 믿었다. 가장 작은 수역도 신화와 상상으로 가득 차 있었다. 원시인들의 바다에는 존재하지 않을 것 같은

◆　그리스 신화에 나오는 바다의 신
◆◆　프랑스어로 '선사시대'는 역사 이야기라는 의미의 'histoire'에 '앞에' '이전에'라는 의미의 접두사 'pré'를 붙인 'préhistoire'이다.

생물과 초자연적인 실체, 환상적인 짐승들이 우글거렸다. 상상의 존재들이 사는 원시의 바다였다.

그러나 기원전 3400년경의 어느 날, 인간은 문자를 발명했다. 학자들이 출현했고, 그들은 바다 생물에 관해 알려진 것을 기록하며 이해하려 했다. 옛 생명체들뿐 아니라 지나치게 공상적이라고 판단했던 많은 생물의 멸종과 관련해서도 매우 귀중한 증거들을 수집했다. 그리고 이 생물들이 존재하지 않는다고 선언했다.

고대 로마의 학자이자 오늘날 옥시타니아 지방인 나르본령 로마 식민지의 고위공무원이었던 대★ 플리니우스는 77년에 쓴 《자연사》에 당대의 모든 지식을 집약할 계획을 세웠다. 바다를 다룬 제7권은 로마 시대에 바다에 살고 있던 바다 생물들을 매력적으로 개관한다. 그에 따르면, 정확히 어류 74종과 갑각류 30종이 존재했다. 그는 이 수치를 확신하는 것처럼 보였다.

플리니우스는 이 책을 쓰기 위해 500명도 넘는 작가들의 책을 2천 권 넘게 읽었으며, 자기가 개인적으로 관찰한 내용을 덧붙였다고 주장했다. 갈리아 지방의 고위공무원이었던 그에게는 시간이 많았을 것이다. 그는 신뢰할 만한 증거만 받아들였고 나머지는 망각속에 묻었다. 이 책의 몇몇 구절은 현대 과학으로 확인되었다. 예를 들어 그는 거의 2천 년 전에 지중해에 사는 카브릴라농어comber가 자웅동체라는 사실을 벌써 이해하고 있었다. 전기가오리가 자궁에다 알을 낳고 부화하는 난태생이라는 사실도 알았다. 게다가 바다표범이 깊은 잠을 잘 수 있다는 사실 또한 알고 있었다. 지금은 바다표범은 인간처럼 역설수면♦을 취할 수 있으며 꿈도 꿀 수 있다고 알려져 있다. 신경과학에 대해서 알지 못했던 플리니우스는 바다표범의 머리 아래쪽에 위치한 왼쪽 지느러미가 최면 작용을 한다고 믿었다.

물론 플리니우스는 당대의 믿음과 과학을 반영하는 더욱 공상적인 구절도 썼다. 이를테면 빨판상어의 행동을 좀 과장되게 묘사했다. 빨판상어는 머리에 달린 빨판으로 자기보다 큰 물고기에게 달라붙어 힘들이지 않고 이동하거나 그 물고기가 먹고 남은 것을 먹으며, 배에 달라붙어서 오도 가도 못하게 만들 수 있는 힘을 지녔다고 한다. 당시의 선원들은 다들 이런 이야기를 사실이라고 믿었다. 심지어 빨판상어라는 이름

♦　　몸은 잠자는 듯이 보이지만 뇌파는 깨어 있을 때의 알파파를 보이는 수면 상태

에는 라틴어로 '지연'이라는 뜻이 담겨 있다. 기원전 31년 9월 2일, 마르쿠스 안토니우스와 옥타비아누스 중에 누가 율리우스 카이사르의 뒤를 이어 로마 황제가 될지를 결정하는 악티움해전이 벌어졌다. 이론상으로는 수적으로 유리한 마르쿠스 안토니우스의 함대가 옥타비아누스의 함대를 무찔러야 했다. 그런데 마르쿠스 안토니우스의 갤리선들은 공격을 하다가 알 수 없는 힘의 영향을 받아 갑자기 멈춰 서더니 결국은 더 이상 움직이지 못했다. 옥타비아누스는 이 사고 덕분에 얻은 전술적인 우위로 승리를 거두었다.

플리니우스에 따르면, 예상치 못한 이 상황을 반전시킨 것은 분명히 빨판상어였다.

플리니우스가 묘사한 물고기들 가운데 몇 가지는 오늘날 우리가 알고 있는 물고기들과 매우 비슷하다. 예를 들면 그가 최고 400킬로그램까지 나갈 수 있다고 추정했던 참다랑어 bluefin tuna가 있다. 현재까지 최대 기록은 423킬로그램이다.

플리니우스의 바다에서는 또한 너무 커서 움직였다 하면 폭풍이 일어나는 40킬로미터 길이의 고래나 등껍질이 지붕만 한 인도양의 바다거북sea turtle도 헤엄을 쳤다. 또한 그는 믿을 만한 출처를 통해 반인반어 트리톤들이 동굴 속에서 큰 소리로 나팔을 분다는 사실을 알게 되었다고 주장하기도 했다.

그러나 벌써 오래전부터 어느 누구도 트리톤을 보지 못했다.

학자들이 바다 생물을 다룬 책을 한 권 두 권 써나가면서 책에는 새로운 종이 기록되기도 하고 기존의 종이 지워지기도 했다. 지식이 쌓이면 쌓일수록 전설적인 바다 생물들은 점점 작아지고 조용해졌다.

중세의 동물우화집은 여전히 바다 괴물로 가득 차 있었다. 여기에 등장하는 고래는 더 이상 한없이 길게 뻗어 있지 않았다. 반면 어떤 선원들은 고래를 섬과 혼동하기도 했다고 한다. 그들은 뭍에 다다랐다고 여기며 고래에게 배를 정박했다. 그리고 번번이 고래 몸에 불을 피우는 것으로 끝나고야 마는데, 화가 난 고래는 배와 선원들을 깊은 바닷속으로 끌고 들어갔다.

그 시절에는 이미지를 공유하는 방법이 전혀 없었다. 현장에서 그림을 그릴 줄 아는 사람도 없었다. 아니, 데생을 할 수 없었다. 펜과 잉크병, 책상이 필요했으니까. 그림과 글은 기억과 이야기를 통해 왜곡되었다. 그래서 바다에는 여전히 상상력을 바탕으로 이상화한 생물들이 살고 있었다.

바다 생물에 관한 지식이 서서히 축적되면서 더불어 정확성도 강조되었다. 사람들은 이제 더는 덮어놓고 믿지 않았다. 이제 입증해야 했다. 존재의 증거가 없던 트리톤은 사라졌다. 고래에 관해서는 여전히 미신에 가까운 생각을 하고 있었지만, 그마저도 얼마 지나지 않아 고래를 섬으로 착각했다는 이야기를 아무도 믿지 않게 되었다

과학은 형식화되었다. 18세기에는 분류학이 출현했다. 그때부터 새로운 종이 인정을 받으려면 라틴어와 그리스어 학명을 붙이고 표본을 증거로 획득해야 했다. 스웨덴 사람인 칼 폰 린네는 처음으로 형식화된 서식에 따라 수천 종을 분류한 인물 중 하나다. 명명법의 선구자로서 그의 사명은 아이러니하게 흘러갔다. 그도 평생 동안 이름을 아홉 번이나 바꾸었는데 결국은 가족 농장에서 자라는 보리수나무의 이름(라틴어식 스웨덴어 린나에우스)을 빌려오기에 이르렀다.♦ 1758년 린네는 《자연의 체계》에서 동물 4,400종과 식물 7,700종을 분류

♦　　17-18세기 스웨덴에서는 대부분 가족의 성이 없었다. 린네의 아버지는 보리수나무를 지칭하는 스웨덴어 lind를 라틴어 어원에 맞게 변형시켜 Linnaeus라는 이름을 만들었다.

한 뒤 각각 학명을 붙였다. 각 종의 목록을 작성하고 계통수에 자리를 부여했다. 만일 존재를 증명할 만한 증거가 부족하면 삭제해버렸다. 이때 바다 괴물들이 목록에서 대거 사라졌다. 상상의 존재들이 학살당한 사건이었다. 존재에 대한 증거서류를 제출할 수 없는 모든 생물체는 이름을 가질 권리조차 없었다. 존재 자체를 부정당한 것이다.

린네는 스스로 너무 실용적이고 무분별하게 일한 것 같아 후회되었을까? 그는 생물분류학이 학문적 위엄을 갖춰야 했기 때문에 그리했을지도 모른다. 그러나 모든 시대를 통틀어 가장 큰 동물이자, 그 많은 신화와 허풍을 이끌어낸 거대한 대왕고래에게 이름을 붙여주는 순간, 엄격한 이 스웨덴 학자는 자신이 추구하던 실용주의를 버리고 말장난을 쳤다. 린네는 이 고래를 '발라에놉테라 무스쿨루스balaenoptera musculus'라고 불렀는데, 라틴어로 '새끼 생쥐 고래'라는 뜻이다.

린네는 악티움해전에 연루되었다는 빨판상어의 누명을 벗겨주기로 결심했다. 그는 누가 마르쿠스 안토니우스의 갤리선들을 멈추게 했는지 몰랐다. 그러나 겨우 40센티미터밖에 안 되는 물고기 한 마리가 갤리선을 저지할 수 없다는 것은 확실한 사실이었다. 린네는 이 물고기에게서 마술적 힘을 제거했다. 하지만 그는 관대하게도 빨판상어에게 '배의 속도를 늦추는 자'라는 뜻의 '에케네이스 나우크라테스echeneis naucrates'라는 이름을 붙이며 그 기억을 남겨두었다.

어쨌든 2018년이 되어서야 물리학자들이 계산과 추진력 시뮬레이션을 거쳐 빨판상어의 미스터리를 완전히 해결하고 마르쿠스 안토니우스가 패배한 진짜 이유를 밝혀냈다. 해안 근처의 수심이 갑자기 바뀌면서 보기 드문 유체역학적 현상이 일어났기 때문이었다. 정확히 말하면, 고립파孤立波가 함대의 전진을 방해하여 정지시켰다.

19세기에는 대규모 해양 답사가 가능해졌다. 오랫동안 선원들의 상상 속에 살았지만 존재한 적 없었던 옛날 바다 괴물들은 마침내 모조리 사라졌다. 크로키는 사실적이고 정확해지다가 사진으로 바뀌었다.

지금은 해저를 탐험하는 과학선이 생물을 직접 보지 않고도 DNA 서열을 알아내 기록한다. 특수 제작된 트롤망 장치에서 플랑크톤 샘플을 채취한 다음 대규모 '염기서열분석작업'을 실시하고 채취한 생물체들의 유전형질에 접근한다. 깊이가 1만 900미터로 바다에서 가장 낮은 지점인 마리아나 해구에 사는 물고기들이 관찰되고 묘사되었다. 선원들의 몽상이나 판화에서 배를 침몰시켰던 거대한 오징어들이 촬영되고 측정되었다. 우리는 소파에 앉아 클릭 한 번만 하면 화면에서 고래의 모습을 볼 수 있다. 고래가 섬과는 전혀 닮지 않았다는 사실을 대번에 알 수 있다.

바다 괴물들이 상상의 세계에서 쫓겨나고, 아득한 심해의 모습을 고해상도 컬러 동영상으로 보는 순간에도 여전히 꿈을 꿀 수 있을까? 어떻게 계속 이야기를 만들어낼 수 있을까?

그럼에도 우리는 믿고 꿈꾸고 싶은 격렬한 욕구를 느낀다.

나는 뉴질랜드의 어느 해안에서 완벽한 관광객이 되어 수영을 했다. 부시리yellowtail amberjack를 찾아 바다로 나갈 때였다. 수영 구역 안의 수면에서 푸르스름한 지느러미 두 개가 이리저리 움직이는 광경을 목격했다. 가오리ray라고 짐작하고 가까이 다가갔는데, 사실은 청상어blue shark였다. 나는 지중해에도 사는 이 상어 종에 대해 이미 알고 있었다.

색깔이 매우 아름답고 무척 평화로운 청상어는 보통 먼바다에 산다. 내가 본 청상어는 수심이 너무 얕아서 눈에 띄게 당황하는 것 같더니 모래사장에 좌초하고 말았다. 나는 만남의 기억을 간직하기 위해 청상어를 계속 촬영하면서 먼바다로 데려갔다. 그는 곧 푸른 바닷물 속을 다시 헤엄쳐갔다. 나는 청상어의 모습을 친구들과 공유하기 위해 인터넷에 영상을 올렸다.

몇 달 뒤 호주의《데일리 메일》지에서 내 동영상을 캡처한 사진을 싣고 "어느 겁 없는 뉴질랜드 사람, 식인 상어를 맨손으로 잡다"라고 써놓은 기사를 보고 깜짝 놀랐다. 동영상이 인기를 끌자 어떤 신문기자가 정확하지만 프랑스어로 된 내 설명을 무시하고 완전히 터무니없는 이야기를 꾸며냈다. 사랑스런 상어를 잔인한 짐승으로 만들어놓았다. 이 기사에 인터넷 사용자들의 댓글이 붙으면서 흥미진진한 논쟁이 벌어졌다. 어떤 사람은 "저 사람은 범죄자다! 상어를 그냥 보내줬으니 언젠가는 돌아와 아이들을 잡아먹을 수도 있을 텐데…"라고 썼다. 또 어떤 사람은 "상어는 멸종해가고 있고 아이들은 안전하니 이 사람은 범죄자가 아니라 영웅이지요!"라고 응수했다.

청상어는 안초비류처럼 작은 먹이를 먹고 산다. 당연히 인간을 공격하지 않는 종이다. 나는 기자에게 연락해 사실을 설명하고 기사 수정을 부탁했다. 그는 다만 "인간을 잡아먹는 상어"라는 표현을 "인간을 잡아먹을 가능성이 있는 상어"

로 고쳤을 뿐이었다. 나는 그도 역시 훌륭한 기자가 될 "가능성이 있다"고 답장을 보냈다(그는 나의 반어법을 이해했을 가능성이 있었다). 그는 상어에 대한 두려움에서 벗어나지 못했다.

현대인은 왜 그렇게 상어를 무서워할까? 심지어 매년 토스터가 상어들이 낸 희생자들을 다 더한 것보다 열 배나 많은 희생자를 낸다는 통계가 있는데 말이다. 아마도 우리를 능가하는 무엇인가를 마주하고 싶은 욕구 그리고 대자연 앞에서, 초자연적인 힘 앞에서 우리가 하찮은 존재라고 느끼고 싶은 아주 오래된 욕구 때문일지도 모른다. 우리에게는 이제 더 이상 포식자가 없으니, 그걸 하나 가질 수 있는 가능성에 빠져들어 생각해보자. 가상의 포식자, 사람보다 커서 우리를 괴롭힐 수도 있는 존재, 우리가 먹이사슬과 자연의 순환 속에서 잃어버린 위치에 대한 감각을 돌려줄 존재다. 바다 괴물이 없으니 직접 만들어보면 어떨까.

우리가 현대의 리얼리즘에서 바다 괴물을 너무나 많이 쫓아냈기 때문에, 어쩌면 자연은 여전히 그걸 믿는 편이 나을 거라고 증명하고 싶은 듯하다. 이렇게 현실은 이따금 전설을 넘어선다.

큰바다뱀은 수백 년 동안 바다 전설에 끊이지 않고 등장해왔다. 물론 과학은 큰바다뱀이 선원들의 상상 속 괴물일 뿐 실제로는 존재하지 않는다고 결론 내렸다. 큰바다뱀이 정말로 존재한다고 증명할 수 있도록, 바다가 큰바다뱀을 과학에 소개하겠노라 결심이 서는 그 날까지.

산갈치oarfish는 길이가 무려 11미터에 달할 수도 있는 뱀 모양의 굉장한 물고기다. 은빛 피부에 푸른색 반점이 있고, 용의 붉은 돌기 같은 것이 비죽비죽 길게 솟아나 있다. 그리고 몹시 드물게 관찰된다. 산갈치는 큰바다뱀에 관한 묘사와 거의 대부분 일치하는데, 아마도 그런 묘사에 영감을 불어넣지 않았을까? 그런데 우리가 산갈치의 삶에서 발견한 것은 가장 허황된 전설보다 더 믿기 어려웠다. 최근에는 산갈치가 뒤로 그리고 수직으로 헤엄칠 수 있다는 사실이 목격되었다. 때때로 그는 자기 스스로 절단을 하기도 한다. 포식자에게서 도망치거나 단순히 몸을 더 작게 만들어 힘을 아끼고 싶으면 꼬리의 일부를 스스로 잘라 자기 몸을 둘로 나눈다. 만일 먹을 것이 없을 때는 비디오게임에 등장하는 유명한 뱀처럼 자기 몸을 먹을 수도 있다고 추정된다. 게다가 산갈치는 지진을 미리 예측할 수 있는 듯하다. 지진이 임박하면 뭍으로 올라가는데, 지구 곳곳에서 관찰되는 당혹스러운 상관관계를 아무도 설명

산갈치와 큰바다뱀

할 수 없다. 아주 드문 두 가지 현상은 아주 자주 동시에 일어
난다. 산갈치는 대양의 단층 근처에서 산다고 알려져 있는데
신비하게도 단층운동에 민감한 것으로 보인다.

　나는 아직 산갈치를 보지 못했다. 하지만 어느 날, 친구
한 명이 얼마 전에 산갈치 한 마리가 칸 근처의 해안에 좌초했
다고 말하며 동영상을 보여주었다. 그때 우리는 배를 타고 있
었는데 이제 곧 지진이 일어날지도 모르니 대피해야겠다는
얘기를 농담처럼 나눴다. 그런데 바로 그날 밤 놀라운 일이 벌
어졌다. 지방 뉴스에서 그 지역에 작은 규모의 지진이 발생했
다고 보도했다. 진원지는 산갈치가 좌초한 바위에서 겨우 몇
킬로미터 떨어진 지점이었다.

　최근 추산에 따르면 바다에는 약 220만 종이 살고 있을
것이라고 한다. 수십억 종의 박테리아는 제외하고. 인간이 작
성한 목록은 그중 10퍼센트도 채 되지 않는다. 이제는 아주 잘
알려진 생물체 집단과 그들이 과거에 발견된 속도를 분석하
면서, 미래 속에 숨어 있는 종들의 수를 예측한다. 설사 플리
니우스의 전설을 더는 믿을 수 없다 하더라도, 우리가 얻은 현
재의 지식이 분명 여전히 미미하며, 과거의 지식이 잘못된 것

으로 밝혀지듯 현재의 지식이 미래에 정확하지 않다고 판명 날 수도 있다고 생각하면 안심할 수 있다.

오늘날 우리가 '지구는 평평하며 바다에는 오직 74종의 물고기만 산다'는 과거의 믿음과 확신을 조소하듯, 우리 시대의 확신도 언젠가는 조롱당할 수 있다.

지금은 바다 생물의 약 91퍼센트가 여전히 알려지지 않았다. 그러니 계속해서 신화를 쓰고, 빈 페이지를 꿈으로 채워야 한다. 존재하기 위해서, 그들의 전설을 우리가 믿게 하기 위해서 오직 우리의 꿈을 기다리고 있을 미래의 발견이 바다의 어둠 속에서 헤엄치고 있다.

이 꿈을 믿든, 이 이야기에 귀를 기울이든, 그들에게 생명을 불어넣든, 우리 자유다. 그리고 몇몇 옛 전설을 되살리든 아니든, 그 또한 우리 자유다. 어쨌든 큰바다뱀은 분명히 존재한다.

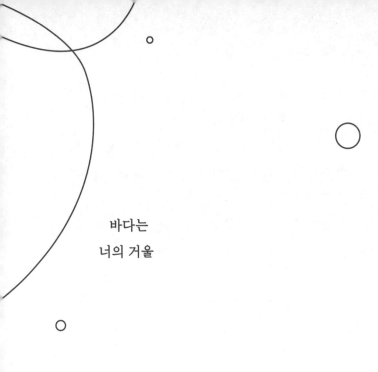

바다는
너의 거울

우리의 세계가 우리 세계의 반영인 바닷속에 반사되는 곳

철새 거위가 갑각류 속에서 태어나는 곳

해파리가 노벨상을 두 번이나 받은 곳

바다가 바다의 반영인 우리 세계에 반사되는 곳

옛사람들의 상상력 속에서 바다에 신화적 생물체가 득
실거렸다면, 그것은 무엇보다 거울의 전설이라는 매우 오래
되고 뿌리 깊은 이야기 때문이다.

당신은 왜 많은 바다 생물에게 지상에 사는 생물체의 이름을 붙였는지 한번쯤 궁금했을 것이다.

우리는 노아의 방주 속 여러 생물을 물속에서 다시 만난다. 고양이물고기(메기, catfish), 코끼리물고기(코끼리은상어, elephantfish), 전갈물고기(쏨뱅이, scorpionfish), 암송아지물고기(해우, cowfish), 다람쥐물고기(얼게돔, squirrelfish), 늑대물고기(베도라치, wolffish), 기린물고기(메기, giraffefish), 토끼물고기(밀복어, rabbitfish), 두꺼비물고기(복어, toadfish)… 바다토끼(군소, sea hare), 바다코끼리(코끼리바다표범, sea elephant), 바다사자(sea lion), 바다암소(바다소, sea cow), 바다돼지(돌고래, sea pig), 바닷개(돔발상어, dogfish), 바다표범…. 심지어 바다포도(모자반, sea grape), 바다토마토(말미잘, sea tomato), 바다오이(해삼, sea cucumber)도 있다. 다양한 사물들도 저마다 바다에 짝이 있다. 칼물고기(깃맛조개, knife), 별물고기(불가사리, starfish), 돌물고기(쏨뱅이, stonefish), 톱물고기(톱상어, sawfish), 달물고기(배불뚝치, moonfish), 나팔물고기(대주둥치, trumpetfish), 상자물고기(거북복, trunkfish), 공물고기(복어, balloonfish)…. 직업명이 이름인 물고기도 많다. 수도사바다표범(몽크바다표범, monk seal), 추기경물고기(열동가리돔, cardinalfish), 광대물고기(흰동가리, clownfish), 군인물고기(얼게돔, soldierfish), 의사물고기(검은쥐치, surgeonfish)….

그리고 심지어 천사물고기(전자리상어, angelfish), 악마물고기 (매가오리, sea devil), 일각물고기(일각고래, unicornfish) 등 신성한 존재의 이름을 딴 것도 있다.

이러한 이름의 기원은 아주 오래된 거울의 전설에서 유래한다. 조상들은 바다가 수면 아래에서 땅을 거울처럼 비추기 위해 만들어진 평행 세계라고 여겼다. 지상에 존재하는 모든 것은 반드시 바다 밑에 자기 짝이 있다고 생각했다.

아주 오래된 이 이론은 틀림없이 선사시대에 자연적으로 생겼을 것이다. 바다를 보면 그 위에 비친 것은 우리 세계의 반영이다. 하늘의 색이 거꾸로 펼쳐진 광경도 볼 수 있고, 물고기들이 마치 새가 날듯 헤엄치는 모습도 볼 수 있다.

플리니우스는 이러한 대중적 믿음에 주목했다. 마찬가지로 지중해 해안을 돌아다니고 여행자들의 이야기를 들으면서 포도와 흡사한 오징어 알, 톱 모양의 톱상어sawfish 주둥이, 긴 칼처럼 생긴 황새치의 주둥이, 또는 바다오이라고도 불리는 해삼에 주목했다. 그는 이 같은 공통점에 놀랐다. 마치 뭍에 사는 생물들을 살짝 변화시켜 바다 생물로 복제해놓은 것 같았다. '작은 달팽이'에게 말의 머리가 붙은 것처럼 보이는 해마도 그중 하나다. 이 관찰을 설명하기 위해 그는 한 가지 가설을 내세웠다. 즉 생물의 씨앗과 배아가 파도와 바람을 통해 대기와 물결 사이에서 교환되고, 그 결과 두 세계의 생물이 이상한 방식으로 교배한다는 것이다.

시간이 지나면서 사람들은 플리니우스의 책들을 옮겨 적으며 끊임없이 전설을 전했다. 믿음은 유럽 전역으로 퍼져 나가 사람들 마음속에 뿌리를 내렸다.

중세의 필경 수도사들은 플리니우스의 아주 오래된 생각을 곧이곧대로 믿었다. 거울의 전설은 하나의 우주적 개념이 되었다. 고드프루아 드 비테르브, 토마 드 캉탱프레, 제르베 드 틸뷔리…. 이름만 들어도 한 편의 기사도 서사시가 떠오르는 중세의 유명한 학자들은 바다 세계는 우리가 사는 세계와 평행하며, 지상의 모든 생물은 필연적으로 파도 아래에 짝을 가지고 있다고 썼다. 제르베♦에 따르면, 바다에 사는 어떤 지상 생물의 짝은 이 지상 생물과 '머리끝에서 배꼽 끝까지' 닮았지만, 대부분 끝부분에 물고기 꼬리가 달려 있었다. 그리고 바다 세계에는 동식물뿐만 아니라 지상의 인간들처럼 문명화한 주민도 있어야 했다.

새로운 해양생물이 발견되면 지성인들은 지상에서 그 짝을 찾아내려고 머리를 쥐어짰다.

♦ 중세의 성직자이자 기사, 법률가, 정치가, 작가

이를테면 황새치의 주둥이는 선원 기사의 검과, 바다 거북은 그의 방패와 그리고 큰 게는 그의 투구와 비슷하게 생겼다고 여겼다.

당시의 삽화가들은 물고기 그림은 잘 그릴 줄 몰랐던 반면 지상에 사는 동물의 모델은 많이 가지고 있었다. 그래서 언제나 그냥 지상 동물과 매우 흡사한 동물에 물고기 꼬리만 추가해서 그렸다. 그들이 그런 식으로 동물우화집에 그려 넣은 삽화는 상상 속 수중 세계의 전설을 영원히 전하게 되었다.

교회는 신의 창조적 힘을 강조하는 거울 이론을 지지했다. 이 이론은 또한 아주 독창적이지 못한 존재들에게도 몇 가지 환상과 배치가 가능하게 했다는 점을 언급할 필요가 있다.

대서양에 면한 해안의 바위와 바다에 떠돌아다니는 나무에서는 이따금 고정 갑각류인 삿갓조개limpet가 자란다. 홍합처럼 생긴 이 조개는 짧고 검은 튜브 끝에 밝은색의 새 부리가 달린 듯한 모습이다. 이 종은 12세기 유럽의 해안에서 많이 볼 수 있었지만, 육지에 사는 짝을 찾아낸 사람은 없었다.

영국의 성직자들은 뜻밖의 재치 있는 해답을 제시할

수 있는 이 기회를 놓치지 않으려고 덤벼들었다. 겨울이 끝날 무렵의 사순절 기간이었다. 40일 동안 육식이 금지되었던 사제들과 부르주아들은 고기가 먹고 싶었다. 이 계절에 삿갓조개가 붙은 나무 부유물들이 유럽의 북부 해안에 떠밀려 올라왔다. 동시에 하늘에서는 몸이 검은색과 흰색을 띤 흑기러기 barnacle goose들이 이동하려고 북쪽을 향해 떠났다. 새들은 숨겨진 장소에 둥지를 틀기 위해 모습을 감추었다. 그때만 해도 이 흑기러기들이 알을 낳는 북극 북쪽의 스발바르제도에 대해 아는 사람은 아무도 없었다.

　　그때 영국 웨일스의 수도사 제럴드 오프 웨이스가 한 가지 생각을 떠올렸다. 그는 흑기러기들이 낯선 곳으로 떠나는 모습을 보았고, 삿갓조개들이 낯선 곳에서 떠밀려 온 것을 보았다. 그런데 사순절 때 기름지고 맛있는 식사를 하지 못해 힘들었다…. 그래서 세 가지 문제를 단번에 해결하기로 결심했다. 그는 흑기러기의 '목'이 튜브처럼 생기고 '부리'가 조개껍데기처럼 생긴 것으로 보아 삿갓조개는 당연히 아직 덜 자란 어린 '흑기러기'라고 썼다. 그리고 이 발견을 널리 알렸다. 전문가들은 모두 이 갑각류가 흑기러기의 짝이며, 더더구나 먼바다에서 자라면서 흑기러기로 변한다는 사실에 모두 한마음으로 감탄했다. 떠밀려 온 표본은 덜 자란 상태이고 아직 변형된 부리만 가지고 있었다. 거기서 털과 날개가 자라나면 흑기러기처럼 날게 될 것이다. 당대의 성직자들은 흑기러기가 삿갓조개에게서 태어났으니 해산물이며, 중세의 사람들은 유럽 전역에서 사순절 기간 동안 흑기러기 고기를 마음껏 먹을 권리가 있다고 선언했다. 이 갑각류는 라틴어로 '기러기를 데려온 자'라는 의미인 'anatifer'로 불렸고, 후에 프랑스어로 'anatife'가 되었다. 영국인들은 지금도 여전히 흑기러기와 이 갑각류를 모두 지칭하기 위해 'barnacle'이라는 단어를 사용한다.

1534년에 라블레가 《가르강튀아》에서 언급하기도 했고, 19세기 초까지만 해도 스코틀랜드에서는 흑기러기를 해산물이라고 여길 정도로 이 믿음은 오래도록 이어졌다. 수도사 제럴드는 흑기러기와 삿갓조개의 이야기 외에도, 흑기러기에게 실제로 믿기 어려운 이야기가 있으리라고는 상상도 하지 못했다. 흑기러기는 6천 킬로미터나 되는 위험한 이동을 마치고 도착한 북극권의 높은 절벽 위에 안전하게 둥지를 튼다. 결코 길을 잃지 않는다. 새끼 기러기는 태어나자마자 물과 툰드라의 이끼에 도달하기 위해 둥지가 있던 높은 절벽에서 허공으로 몸을 던져야 한다. 나는 방법도 모르는데. 새끼는 종종 120미터가 넘는 높이에서 뛰어내린다. 솜털로 뒤덮인 작은 공 모양의 이 새는 바위 위에서 거칠게 튀어 오른다. 다행히도

삿갓조개와 흑기러기

새끼 기러기는 대체로 이런 무시무시한 시련에서 살아남을
수 있을 만큼 가볍고 부드럽다.

⟳

바다는 중세 이후에도 조상들의 상상 속에서 오랫동안
지상 세계의 거울로 남아 있었다. 알려지지 않은 종의 출현은
자주 의심을 불러일으켰다. 새로운 종은 혹시 해저 문명이 존
재한다는 증거가 아닐까? 박물학자이자 의사인 기욤 롱들레
는 1551년 북해에서 주교복을 입은 바다 괴물 '주교물고기'를
관찰하고 기록으로 남겼다. 이 물고기는 폴란드 왕의 궁정에
서 진기한 물고기로 소개되었는데, 너무나도 간절히 바다로
돌아가고 싶어 했다. 결국 얼마 지나지 않아 바다에 다시 풀어
놓자 바닷속 주교는 사람들에게 십자성호를 긋고 멀어져갔
다. 르네상스 시대 사람들은 주교물고기가 수중 문명의 존재
를 알리는 사절이라고 믿었다. 그러나 사실 이 물고기는 수컷
의 머리에 붉은색 낭이 달려서 꼭 손짓하듯 지느러미를 움직
일 수 있는 종인 두건물범hooded seal으로 추정된다. 사기꾼들
이 골동품점 골방에 이상한 동물을 숨겨두고 그 피부를 말려
바닷속 성직자의 옷이라고 우기며 팔아먹지만 않는다면, 주교
물고기라 부를 만하다. 이 동물은 사실 큰 연골 물고기였다. 북

부 유럽에서는 주교라고 여겼지만 남부 유럽에서는 천사라고 생각했다. 20세기 초만 해도 실제로 니스에서는 가오리와 상어의 중간쯤 되는 모습에 납작한 날개가 달리고 살갗이 까칠까칠한 거대한 물고기가 정어리를 잡는 어부들의 그물을 자주 찢어놓곤 했다. 어부들은 물고기의 커다란 날개를 보고 루 페이 앙주lu pei ange, 즉 '천사물고기' 또는 '바다의 천사'라는 이름을 붙여주었다. 이 스쿠아티나 스쿠아티나sqauatina sqauatina, 전자리상어는 이제 프랑스 해안에서 거의 발견되지 않지만, 니스와 앙티브 사이의 만은 '천사들의 만'이라는 이름으로 물고기들에 대한 기억을 품고 있다.

오늘날에는 아무도 거울 전설을 믿지 않는다. 이제는 대양에서 박테리아 공동체라는 형태로 생명이 태어나며, 박테리아가 조금씩 다양해져서 동식물이 된다는 사실을 알고 있다. 일부 생물은 진화하여 물속보다 산소가 더 많이 농축되어 있는 대기 속으로 떠났다. 이 생물들은 육지를 차지했다. 다른 종은 다양한 형태로 변해 물속에 남았다. 고래류의 조상격인 또 다른 종은 물에서 나와 육지 생활에 적응했다가 바다로 돌아갔다. 그러고 나서 주변 환경에 다시 적응하기 위해 진화의 근사성이라고 불리는 메커니즘에 따라 물고기들과 흡사한 특징을 띠게 되었다.

거울의 전설은 잊혔다. 그리하여 전설은 먼 옛날의 낡아빠진 미신이 등장하는 동물우화집에 실린, 섬이라고 착각했던 거대한 고래 그림이나 바다 괴물을 물리치려고 불었던 피리 소리와 자리를 함께하게 되었다.

그러나 과학과 기술이 뒤를 이어받아 전설에 계속 생명을 부여한다. 아니, 더 정확히 말하자면, 전설에 비친 반영에 생명을 부여한다. 오늘날 우리의 육지 세계는 수중 세계에서 영감을 얻어 마치 거울에 비친 것처럼 바닷속을 닮으려 애쓰고 있다. 바로 이것이 미래의 트렌드다.

망치가 탄생하기 수백만 년 전에 진화를 통해 귀상어 hammerhead shark가 등장했다. 합성 재료가 처음으로 만들어지기 오래전에 역시 진화를 통해 진주모 조개껍데기가 등장했다. 35억 년이나 생명의 역사가 이어지는 동안, 자연계는 자연도태 덕분에 각 종의 생존을 보장하기 위한 수많은 기술적 해결책을 발전시키고 시험할 수 있었다. 그 결과 모든 영역에서 많은 발명자들에게 헤아릴 수 없을 만큼 귀한 영감을 제공했다.

우리 세계는 생물을 모방하며 개발하는 생체모방 방식을 통해 조금씩 바다의 거울이 되어가고 있다. 예컨대, 건물 지붕의 물결처럼 구불거리는 함석판은 단단한 가리비 껍데기를 모방한 것이다. 자동차의 방추형 차체는 물고기의 유체역학적 형태에서 영감을 얻었다. 외과 치료용 로봇은 문어 발의 유연함과 민첩함을 모방했다. 청자고둥sea cone shell의 독에서 우렁쉥이sea squirt의 단백질에 이르기까지 바다의 물질을 복제한 약품도 매우 많다. 자연은 기술자들을 쉽게 능가하고, 또 끊임없이 모델을 제공해준다.

심해에 사는 유플렉텔라 해면euplectella sponge이나 유리 해면glass sponge은 가마나 화학공장 없이도 유리 골격을 만든다. 게다가 해면의 유리는 우리의 시신경 섬유보다 탁월한 속성을 지녔다. 해면은 유리를 이용해 발광하는 플랑크톤의 빛을 조명등처럼 밝게 만든 다음 플랑크톤 조류를 유인해 섭취한다. 해면류는 이런 방식으로 1만 3천 년을 사는 것으로 알려져 있다. 어린 새우 한 쌍이 바구니처럼 엮인, 아직은 조그마한 해면류의 골격 속에 자리를 잡는다. 새우들은 자라면서 그 골격 안에서 빠져나올 수 없게 되고, 평생을 해면 속에서 함께 산다. 미래에는 유플렉텔라 해면 물질 연구에서 충실함의 상징 말고도 여러 가지가 탄생할 것이다. 여기에서 아이디어를 얻은 건축물, 생체에 적합한 인공 보철구 또는 혁신적인 렌즈

제작 연구가 벌써 이루어지고 있다.

기술혁명은 이미 바다에서 나타났다. 바닷가 여기저기에서 모래로 덮인 몸을 꿈틀거리고 있는 갯지렁이lugworm의 헤모글로빈은 인간의 헤모글로빈보다 산소를 40배 더 잘 전달하며, 모든 혈액형에 적합하다. 지금은 이 바다 벌레에게서 아이디어를 얻어 일반적으로 사용되는 이식용 장기 보존물질보다 거의 열 배 이상 더 보존되는 제품을 만들 수 있다.

바다에서 얻은 아이디어 중 일부는 우리 세계에 눈부신 결과를 가져왔다.

에쿼리아 빅토리아 해파리Aequorea victoria jellyfish는 북아메리카의 바닷속에 살며 요각류와 다른 해파리를 먹고 산다. 이 해파리는 먹잇감을 유인하려고 강렬한 초록빛을 발산하는데, 이것은 형광 단백질 덕분이다. 자기 몸의 거의 절반 크기나 되는 다른 해파리를 포획한 다음 입을 팽창시켜 게걸스럽게 삼키는 에쿼리아 빅토리아 해파리. 그들은 호모 사피엔스가 자신의 사냥 기술을 모방해 두 차례나 노벨상을 받고, 세계를 새로운 관점으로 인식하게 됐다고는 꿈에도 생각하지 못할 것이다.

에쿼리아 빅토리아 해파리가 만들어내는, GFP♦로 명명된 형광 단백질을 실험실에서 모방하고 합성함으로써 생화학 분야에 일대 혁명을 일으켰다.

단백질은 유전자의 발현이다. DNA 코드는 단백질의 형태로 합성된다. 즉 단백질은 생물체의 모든 내부 배치와 메커니즘을 암호화한다. 요즘은 체외에서 DNA로 단백질을 합성하고, 심지어는 단백질 여러 개를 차례로 이식해서 조립하기도 한다. 해파리의 GFP를 단백질에 이식하면 극단적인 형광을 얻게 된다. 세포 내부에서 이 단백질을 따라가면 생물체의 메커니즘을 방해하지 않고 그 기능을 시각화할 수 있다. 덕분에 생물학자들은 생체 메커니즘을 어지럽히지 않고도 신호를 주고받는 뉴런과 단백질을 합성한 유전자 그리고 생물체의 다른 많은 비밀스러운 과정을 관찰할 수 있었다. 단순하게 단백질이 빛을 뿜게 만들면서 말이다. 앞으로는 GFP를 활용해 우리 건강에 매우 중요하지만 눈에 보이지 않는 메커니즘을 시각화하고 이해할 수 있을 것이다. 이 발견의 선구자는 2008년도 노벨화학상을 받았다.

형광 단백질을 더 잘 관찰하기 위해 차세대 현미경이 개발되었다. 빛의 파장보다 더 작아서 우리가 볼 수 없던 사물을 관찰할 수 있게 돕는 초고해상도 광학현미경이다. 이것은 새로운 과학혁명이라 할 수 있다. 해당 연구와 관련된 학자들

♦ green fluorescent protein의 약자

도 노벨상을 받았다. 오사무 시모무라와 마틴 챌피, 로저 첸[◆] 그리고 에릭 베치그, 윌리엄 머너, 슈테판 헬[◆◆]은 물리학자와 화학자들이다. 미국과 독일, 일본 국적의 이들은 루마니아와 중국, 일본, 미국 출신이다. 일반 대중은 그들의 이름도, 그들이 무엇을 발견했는지도 모르지만, 이들은 우리 삶을 변화시키기 위해 함께 연구했다. 깊은 바닷속에서 빛을 뿜는 에쿼리아 빅토리아 해파리처럼, 이 발명자들과 그들의 빛은 어둠 속에서 반짝이고 있다.

인간의 기술이 바다 생물의 기술을 모방해 발달하는 것처럼, 우리 사회도 그들의 생존 원칙에서 아이디어를 얻어 발전할 수 있다. 거울의 전설은 수중 문명의 존재를 가정했지만, 사실 바다 밑에는 이미 우리가 모델로 삼을 만한 공동체를 이룬 수많은 존재가 있다!

바다는 우리 세계에 아이디어를 제공해줄 수 있는 동

[◆]　세 사람은 해파리에서 녹색형광단백질을 발견하고 발전시킨 공로로 2008년도 노벨화학상을 받았다.

[◆◆]　세 사람은 초고해상도 광학현미경을 개발한 공로로 2014년도 노벨화학상을 받았다.

력을 지녔다. 수생 생태계에는 진창도 없고 쓰레기도 없다. 산호초의 공간을 최적화해서 우리 도시에 영향을 줄 수도 있다. 산호초에서 여러 종이 함께 살아가는 방법은 우리 사회에 모범이 될 수도 있을 것이다. 리더 없이 동시에 이루어지는 물고기들의 의사결정은 정치적으로 새로운 아이디어를 낳을지도 모른다.

그런데 왜 우리는 발명가들의 연구와 도시 계획가들의 결정을 기다리고 있을까? 개인적인 차원에서 보더라도, 해양 생물과 그들의 놀라운 삶은 우리 각자에게 좋은 아이디어를 제공해줄 수 있다.

자신의 몸속에서 해조류와 박테리아 공동체를 만들어가는 산호처럼 우리도 바다가 제공하는 삶의 본보기를 우리 마음속에 계발할 수 있을 것이다. 이를테면 바다에 도달하겠다는 목표를 결코 포기하지 않고 낙관적인 희망으로 영원히 살아가는 장어의 끈기에서 아이디어를 얻을 수 있다. 또는 모래알 하나가 껍질 속에 박혀 상처를 입자 몸을 전후좌우로 뒤집어 문제를 해결하려다가 결국은 모래알로 진주를 만드는 굴의 창의성에서 아이디어를 얻을 수도 있다.

어쩌면 중세 학자들과 라틴 시인들이 거울의 전설에 강하게 집착한 것은 잘못이 아니었는지도 모른다. 그러니 우리도 그 시절 그들처럼 이 전설을 한 번 더 믿고, 거울의 뒷면을 한번 들여다보면서, 지상 세계에서 어떤 생물이 우리가 알고 있는 해양생물에 상응하는지 찾아보면 어떨까?

그러면 아마도 우리 주변에 있는 어떤 이들은 우리가 바닷속에서 만난 동물들이 육지의 짝이라는 사실을 알아챌 수 있을 것이다. 당신이 아는 사람들 중에는 틀림없이 무리의 안전을 우선시하고, 고립되면 즉시 눈에 띄지 않게 모습을 감추는 정어리의 짝 같은 사람이 있을 것이다. 그리고 당신은 우리에게 직접 말로 하지는 않아도 자기 자신에 관해 많은 것을 알려주는 가리비의 짝 같은 사람과 이미 가까이 지내고 있는지도 모른다. 아니면 모든 상황에 적응해 편하게 지내면서, 손으로 말을 하고 대화 상대 앞에서 변신할 수 있는 문어 같은 사람도 있다. 가자미의 세계처럼 평평하고 2차원적으로 말하는 사람도 있고, 다양한 제스처와 억양을 사용하며 위험을 무릅쓰고 3차원적인 깊은 물속으로 들어가는 사람도 있다.

자세히 살펴보라. 어쩌면 군중 속에서 잘 들어주는 사람들에게 전할 이야기보따리를 껍데기 속에 품은 조개 같은 사람을 알아볼 수도 있을 것이다. 또는 큰바다뱀 전설의 산갈치 같은 사람도 찾을 수 있다. 그의 실제 삶은 눈에 띄지 않고 비밀스럽지만, 기상천외한 이야기로 평판이 자자하고 경이롭기도 하다. 편광을 띤 새우를 닮은 사람이나 전기물고기를 닮은 사람도 만날 수 있다. 이들은 우리와 다른 관점으로 세상을 보며, 우리 눈에 보이지 않는 색으로 치장한다.

운이 좋으면 아무도 듣지 않는 노래를 부르는 외로운 고래를 만날지도 모른다. 어쩌면 우리 중 누군가가 그 고래에게 답을 할 수도 있지 않을까?

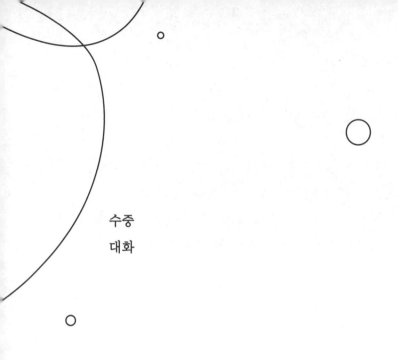

수중
대화

빨판상어를 회상하는 곳
에덴의 범고래killer whale들의 아름다운 우정을 기억하는 곳
돌고래가 인간들을 도와주고… 비웃는 곳

바다가 우리에게 이야기한다. 그런데 왜 우리는 바다에게 대답하지 않는가?

바다 생물들과 대화라는 은밀한 마법을 내게 처음으로 일깨워준 물고기는 카브릴라농어였다. 참바리의 사촌쯤 되는

데, 꼭 퍼치처럼 생겼고 지중해의 암반이 있는 바닷속에서 산다. 호기심이 왕성한 이 물고기는 보초 역할을 한다. 침입자가 나타나자마자 다른 물고기들에게 알린다. 종종 카브릴라농어 덕에 문어의 위치를 파악할 수 있다. 내가 카브릴라농어가 사는 바위 앞을 지나갈 때마다, 그는 구멍에서 빠져나와 내 앞을 가로막고 당황스러운 눈빛으로 나를 바라보며 헤엄칠 준비를 하고 있었다. 무관심한 반응이 아니었다. 카브릴라농어는 잠수 마스크를 쓰고 위아래가 연결된 옷을 입은 이상한 생물체 뒤에 무엇이 숨어 있을지 이해하려고 애썼다. 우리는 제스처와 눈길로 서로를 향한 호기심을 나눴다. 매우 불완전하긴 했지만 어쨌든 교감은 교감이었다. 우리는 이야기 나누고 싶던 모든 것을 서로에게 다 이해시킬 수는 없었다. 그러나 어떤 대화에서든 모든 것을 다 이해시킬 필요는 없다. 그건 심지어 언제나 불가능한 일이다.

나는 운 좋게 몇 종류의 바다 생물을 만나 감동적으로 교류할 수 있었다. 아주 멀리 떨어진 바다의 동물들이 내게 보인 순진한 호기심은 결코 잊을 수 없을 것이다. 완전히 야생인 이 물고기들은 인간을 모르기 때문에 대체로 두려워하지도 않는다. 그래서 첫 반응은 그저 우리를 발견하러 오는 것이다. 개복치와 눈이 마주치면 이상한 감동이 느껴진다. 우리 해역에서 멀리 떨어진 곳에 사는 개복치는 비행접시처럼 평평하고 회색을 띠었으며 지름이 2미터에 이른다. 항해하는 배를 향해 자연스럽게 헤엄쳐와서 몸을 옆으로 기울이고 배에 탄 사람들을 관찰한다. 우리와 너무나 다른 이 고독한 미지의 존재는 당신에게 관심을 기울이고 당신의 이야기를 이해하고 싶어 한다. 무관심이 팽배한 우리 사회에서는 거의 일어나지 않는 감정이다. 쥐가오리는 지나가는 배를 보면 처음에는 무서워하는 듯 보인다. 그런데 엔진이 느려지면 선체 밑으로 와서 크게 반원을 그리고, 이상한 춤을 추면서 다가온다. 푸른 바닷물 속에서 쥐가오리는 꼭 한쪽은 흰색이고 다른 쪽은 검은색인 거대한 세모꼴 날개를 빙글빙글 돌리며 불빛을 흔든다. 동그란 눈으로 뱃전을 뚫어지게 쳐다보고 있다. 수면 위로 흐릿하게 보이는 놀라운 두발짐승들이 먼바다에서 사는 그의 일상을 잠시 뒤흔들어놓는다. 여름에 코트다쥐르 해안으로 이동하는 거대한 검은색 고래류인 들쇠고래pilot whale 가족은 몇 시간씩 배 근처에서 논다. 고래는 자주 '스파이 호핑'✦을 한다. 수면 위로 나타난 세계와 그곳 사람들을 더 잘 관찰하기 위해 머리를 물 밖으로 끄집어내는 것이다.

고래류는 인간이 사는 세계를 바라보며 우리를 관찰하

✦   고래가 의도적으로 수면 밖을 보기 위해 몸통의 앞부분을 일으켜 세우는 행동

기를 좋아한다. 태평양의 혹등고래가 우리를 더 잘 살펴보기 위해 눈을 물 밖으로 끄집어내고, 공중에서 긴 가슴지느러미를 부딪쳐서 신호를 보내려 애쓰며 우리의 반응을 관찰하려고 할 때, 우리는 이 존재들이 우리와 소통하기를 얼마나 바라는지 깨닫는다.

이런 대화법은 지금은 쓰지 못하는 기술이다. 실제로 인간들끼리 소통하는 것처럼 바다 동물과 대화를 나눈 사람은 아마 없을 듯하다. 그러나 바다 동물의 존재와 자연 생태계를 분리할 수 없던 시대, 우리 조상들 중 다수는 분명 이런 대화의 어떤 부분에 숙달해 있었을 것이다. 은밀한 대화의 몇 가지 단편이 현재까지 살아남았다. 이 흔적들이야말로 언젠가는 우리가 바다 동물들과 다시 접촉할 수 있으리라는 가능성을 보여주는 증거다.

호주 원주민들의 문명은 4만 년 동안 계속되었다. 이 부족이 자연과 밀착하고 모든 점에서 신비로운 관계를 맺던 시절이 있었다. 빨판상어와 대화하기는 이 부족의 잊힌 신비로운 기술이다. 플리니우스가 배의 속도를 늦춘다며 빨판상어

빨판상어

를 의심한 이야기에서 우리는 이미 이 바다 생물을 만났다.

유럽인이 호주를 '발견'한 뒤로 많은 탐험가들이 토러스해협에 사는 원주민의 독창적인 낚시 기술에 대해 묘사했다. 원주민들은 거북과 상어, 큰 물고기를 잡기 위해 가느다란 줄에 빨판상어를 매달아 이용했다. 어부들은 빨판상어가 잠길 수 있을 만큼 반쯤 물을 채운 카누를 타고 사냥감에게 천천히 접근했다. 선체 바닥에는 빨판상어들이 등에 달린 빨판을 이용해 붙어 있었다. 원주민들은 거북이나 상어가 나타나면 빨판상어를 선체에서 떼어내 살그머니 바닷물 속에 놓아주었다. 빨판상어는 조심스럽게 헤엄쳐가면서 상어나 거북의 신뢰를 얻은 다음, 늘 그래왔듯 빨판의 도움을 얻어 그들 몸에 달라붙었다. 그때 원주민들은 빨판상어에게 묶어놓은 줄을 서서히 당겼다. 상어나 거북에게 달라붙어 있던 빨판상어는 빨판을 떼어내기는커녕 몸을 한 번 떼어냈다가 더 찰싹 달라붙었다. 사냥감은 함정에 걸렸다. 몇몇 영국 탐험가는 이런 얘기까지 한다. 사냥감이 바다 밑바닥으로 맹렬히 잠수하려는 순간이나 어부가 줄을 더 풀어줘야 할 때, 빨판상어가 마치 전보를 치듯 끈을 잡아당겨 경고했다고. 인간과 빨판상어 사이에는 암묵적인 약속이 생겨서, 설사 줄이 끊어지더라도 빨판상어는 대개 몸을 묶기 위해 다시 배로 돌아왔다. 사냥을 마치면 어부들은 맑은 물을 가득 채운 못에 빨판상어를 넣어준 뒤

매일같이 먹이를 주었다. 어부들은 이런 방법으로 거북과 상어 그리고 매우 다양한 큰 물고기를 잡는 데 성공했다. 이처럼 전통적인 방법으로 낚시를 하면 결코 해양자원을 고갈시키지 않았다. 원주민들은 전통에 따라 각 연령대별로 특정 어종만 소비함으로써 자연스레 어획 한도를 지켰다. 예컨대 큰 바다 물고기는 나이 든 사람들만 먹을 수 있었다. 원주민들은 번식이 느린 종이 남획되는 일뿐만 아니라, 큰 포식자들의 몸에 축적된 납에 중독되는 일도 피할 수 있었다. 납은 특히 아이들과 임산부에게 해롭다.

대도시의 학자들은 탐험가들이 말하는 빨판상어 낚시법이 사실이라 하기에는 지나치게 공상적이라고 생각했다. 그렇지만 여행자들은 하나같이 삽화까지 곁들여 빨판상어 낚시 기술을 상세히 묘사했다. 이 낚시법은 호주가 아닌 다른 나라에서도 관찰되었다. 크리스토퍼 콜럼버스는 자신이 인도라고 믿은 곳[*]에서 빨판상어 낚시 기술을 목격했다고 말한 최초의 인물이었다. 카리브해 전역(쿠바나 자메이카 같은 나라)에서도 비슷한 낚시법이 사용되었다고 한다. 커머슨은 1829년에 모잠비크에서, 영국 영사 홈우드는 1881년에 잔지바르에서 이 기술이 사용되는 것을 관찰했다. 그러나 빨판상어 낚시법

---

[*]   실제로는 쿠바 동쪽의 히스파니올라 섬

을 알고 있던 어부들이 차례로 세상을 떠났다. 그들 고유의 문화와 전통이 서양 세계와 접촉하면서 사라져버린 것이다.

1905년, 영국 학자 홀더는 이런 사실을 제대로 확인하기 위해 직접 빨판상어를 이용해서 거북이나 상어를 잡아보기로 결심했다. 다양한 관찰과 기술을 다룬 묘사에서 영감을 얻은 그는 쿠바의 산호초에서 자신의 운을 시험해보기로 했다. 하지만 낚시할 때마다 빨판상어는 제멋대로 움직였다. 먹잇감 쪽으로 아예 헤엄치지 않거나, 달라붙기는 하는데 줄을 조금만 당겨도 빨판을 떼어버렸다. 또한 도망치려는 자세를 취한 탓에 그걸 본 상어가 식욕을 느끼고 한입에 잡아먹어버리기까지 했다. 실패였다. 홀더는 호주 원주민들이나 다른 민족들이 빨판상어를 이용해 낚시하는 그들만의 비밀이 있었을 거라고 결론지었다. 특히 빨판상어가 협조하게끔 꾀고, 자유를 침해받는다고 느끼지 않도록 줄에 매다는 것이 핵심이라고 설명했다. 그는 이 기술을 좀 더 알아본 뒤에 실험하라고 권했다. 하지만 그 후로 이 기술을 시도한 사람은 아무도 없었다. 매우 전통적이고 복잡해서 실제로 하기 힘든 빨판상어 낚시법은 현대적 기술이 사용되면서 자취를 감추었다. 인류학자들은 이 기술이 1980년대까지 고립되어 살아가는 부족들에 의해 사용되는 것을 관찰했다. 그러나 인류학자들 중 아무도 어떻게 빨판상어와 대화하고 도움을 요청하고 신뢰를 얻는지, 그 비밀을 설명하거나 이해하지 못했다. 어쩌면 비밀은 낚시하는 동안 벌어지는 각종 의식이나 마법의 노래나 전통적인 춤에 숨어 있었을까? 아니면 구전설화처럼 오직 입에서 입으로만 전해졌을까? 어쨌거나 지금은 빨판상어에게 어떻게 말을 걸어야 하는지 아무도 모른다.

호주 원주민들만 바다 동물들과 대화한 것은 아니었다. 100년이 넘는 시간 동안 호주 남동부 뉴사우스웨일스주의 에덴 영국 식민지에서는 인간과 범고래가 보기 드문 우정을 나누었다.

영국의 고래잡이배 선원들에게 범고래와 대화하는 법을 가르쳐준 것은 분명 배에서 일하던 원주민 유인♦ 부족이었다. 1860년대에는 노를 저어 움직이는 보트를 타고 작살만으로 혹등고래를 사냥했다. 몹시 위험했지만, 고립된 지역에서 살아가려면 어쩔 수 없는 일이었다. 선박 보수 전문가 알렉산더 데이비드슨과 그의 아들 존도 이 모험에 뛰어들었다.

♦   Yuin 또는 Djuwin

데이비드슨 가족은 프로테스탄트의 도덕과 가치를 똑같이 중시했다. 같은 일을 하면 급여도 똑같이 받아야 한다고 믿은 그들은 원주민 직원과 백인 직원에게 동일한 액수의 급여를 지불했다. 그때로서는 아주 예외적인 일이었다. 덕분에 데이비드슨 가족은 유인 부족에게서 인정과 존경을 받았다. 부족은 그들에게 어떻게 하면 범고래들의 도움을 받아 고래를 사냥할 수 있는지 가르쳐주었다. 데이비드슨 부자는 범고래들과 동맹을 맺으면서 에덴 항의 고래 사냥 전문가로 거듭났다.

범고래들은 해안을 따라 순찰하다가 고래들이 지나가면 꼬리로 수면을 쳐서 고래잡이배 선원들에게 알렸다. 에덴 항 주민들은 바다 쪽에서 들려오는 폭발음 같은 소리를 듣자마자 전속력으로 배를 몰고 나아갔다. 범고래들은 떼를 지어, 작살을 든 선원들을 에스코트하고 안내하면서 고래를 그들 쪽으로 몰고 갔다. 인간과 범고래는 노 두드리는 소리와 꼬리로 수면을 치는 소리를 기본으로 여러 가지 신호를 만들어 대화를 나누었다. 사냥할 때 어떤 작전을 펼칠 것인지도 상대에게 알려주었다. 동맹의 조건은 '혀의 법칙'을 존중하는 것이었다. 즉 사냥꾼들은 협조해준 대가로 범고래들에게 맛있는 부위인 고래의 혀를 양보했다. 인간과 범고래들은 진정한 공모 관계로 맺어져 있었다. 단순히 먹거리를 주고받는 차원의 관계를 넘어섰다. 범고래들은 저마다 이름이 있었고 성격도 서로 달랐다. 카리스마 넘치는 수컷 범고래 올드 톰과 데이비드슨의 막내아들 조지의 우정은 특히 돈독했다.

올드 톰은 동료들에게 위임받아 인간들에게 사냥 시간을 알리고, 범고래와 인간 사이의 중개인 역할을 했다. 고래잡이배 선원들은 그가 자주 장난을 친다는 이유로 '익살꾼'이라는 별명을 붙여주었다. 익살꾼은 뱃줄을 입에 물고 이빨로 매달려 있기를 좋아했다. 노 젓는 선원들에게 끌려가는 것도 좋아했는데, 자기 때문에 노 젓는 속도가 느려지면 즐거움을 느꼈다. 올드 톰은 사람들과 함께 오랫동안 줄다리기를 하기도 했다. 하지만 고래 사냥을 나갈 때면 노 젓는 선원들이 힘을 아낄 수 있게 자기가 직접 밧줄을 입에 문 다음 고래들이 있는 쪽으로 배를 끌고 갔다. 그 탓에 이빨이 다 닳아 없어질 정도였다. 선원들이 바다에 빠지면 올드 톰은 그들을 구하러 헤엄쳐갔으며, 선원들을 자기 몸에 태워 상어들에게서 보호해주었다. 조지 데이비드슨은 순전히 즐거움을 위해 올드 톰과 함께 수영하곤 했다. 그에게 그 범고래는 가족이나 다름없었다. 범고래들은 조지 데이비드슨의 배와 선원들을 지켜주었고, 그 역시 범고래들을 보호해주었다. 그는 범고래가 법의 보호를 받게 하고, 경찰을 보내 불법으로 범고래를 사냥하는 노르웨이 포경선들을 추격하게 했다. 범고래가 그물에 걸리면 가서 풀어주었다. 이들의 우정은 1840년부터 1930년까지 3세대

올드 톰

동안 이어졌으며 귀중한 증언과 필름, 사진을 통해 기록으로 남아 있다. 전 세계 나머지 지역에서 엔진으로 움직이는 배와 폭발성 작살을 개발해 산업적인 방식으로 많은 고래를 죽이는 동안, 에덴 항에서는 범고래들과 우정을 나누며 오로지 노 젓는 배로만 사냥을 했다. 그곳에 모여 사는 고래 떼의 생존을 보장할 수 있게 딱 필요한 양만을 사냥하기 위해서였다.

바다를 배신하는 자에게 불행이 닥치리라. 1930년, 에덴 항의 고래잡이배들은 고래를 거의 잡지 못했다. 노르웨이의 산업 포경선들이 에덴 항 근처 바다까지 몰려와서 고래를 싹 쓸어버리는 바람에 고래가 거의 남지 않았기 때문이다. 로건이라는 농민이 조지 데이비드슨의 보트에 작살꾼으로 고용되었다. 그날 올드 톰은 크기가 작은 고래 한 마리를 보트 쪽으로 몰고 가서 잡을 수 있게 도와주었다. 고래는 너무 작았다. 아마도 그해에 마지막으로 잡은 고래 같았다. 범고래들의 몫을 자르려는 순간, 조지와 로건이 말다툼을 벌였다. 로건은 고래가 너무 작아서 범고래들과 나눌 수 없다고 주장했다. 겨우내 쓸 수 있을 만큼의 기름이 나오지 않을 거라는 얘기였다. 조지는 자신의 부모와 조부모 그리고 이전에 원주민들이 그랬던 것처럼 신성한 '혀의 법칙'을 지키려고 애썼다. 폭풍이 몰려오고 있어서 서둘러 항구로 돌아가야 했다. 화가 난 로건은 고래를 뭍으로 가져가자고 주장했다. 선원들이 그의 주장에 동조하며 항의하자 조지도 더는 어쩔 도리가 없었다. 이 상황을 믿을 수 없었던 올드 톰은 처음에는 무슨 놀이를 하는 줄 알고 보트를 따라갔다. 올드 톰은 고래에 매달려 밧줄을 잡아당겨서 보트의 속도를 늦추려고 애썼다. 그러나 선원들은 더 빨리 노를 저어 항구로 향했다. 올드 톰의 마지막 줄다리기는 슬픈 결말을 맞았다. 줄다리기를 하다가 이빨이 여러 개나 빠졌다. 게다가 선원들은 원래대로라면 올드 톰의 몫인 고래 혀를 인정사정없이 가져가버렸다. 그날 바닷가에 있던 로건의 딸은, 상처 입은 범고래가 실망해서 깊은 바닷속으로 사라지자, 자기 아버지가 "세상에, 내가 도대체 무슨 짓을 한 거지?"라고 중얼거렸다고 밝혔다. 범고래들은 다시는 에덴의 고래잡이배들을 도와주러 오지 않았다. 범고래의 도움 없이 에덴 사람들은 더 이상 고래를 단 한 마리도 잡지 못했다.

　　인간이 범고래를 배신한 뒤 몇 달이 흘러, 선원들은 인근의 작은 만으로 밀려 올라온 올드 톰의 사체를 발견했다. 나이가 무척 많은 이 범고래는 이빨이 다 빠지는 바람에 사냥을 하지 못해 굶어 죽었을 것이다. 회한에 휩싸인 로건은 자기 돈으로 예배당을 세웠다. 지금도 이곳에 가면 올드 톰의 해골과 실패로 끝난 바다와의 동맹을 떠올리게 하는 물건들을 볼 수 있다. 에덴 항은 지금도 존재한다. 에덴이라는 항구의 이름에는 우정을 배신하여 잃어버린 낙원이라는 뜻이 내포되어 있다.

◉

　　인간과 바다가 대화하는 전통의 일부는 지금도 여전히 남아 있다.

　　인간과 돌고래의 끈끈한 유대는 새로운 것이 아니다. 플리니우스는 이미 둘의 유대에 관한 글을 쓴 적이 있다. 그가 라테라라고 이름 붙인, 바다와 이어진 한 호숫가에 살던 주민들은 돌고래들과 놀라운 우정을 쌓았다. 지금의 팔라바스레플로♦ 근처에 있던 호수다. 해마다 숭어들이 회유할 때면, 바닷가에 '모든 주민'이 모여 북풍 속에서 큰 소리로 "시몽!" "시몽!"이라고 또박또박 끊어 외치며 돌고래들을 불렀다. 플리니우스에 따르면, 이 이름은 '납작코'를 뜻하는 라틴어 시미우스 simius를 연상시킨다. 자기 조롱 감각을 갖춘 돌고래들은 시몽이라는 단어가 자기들을 가리킨다는 사실을 알아챘다고 한다. 그리고 사람들이 자기들을 납작코라고 악의 없이 놀리는 걸 재미있어하며 가까이 다가왔단다. 거대한 무리를 이룬 큰돌고래bottlenose dolphin들은 해안을 따라 모습을 드러냈다. 그

♦　　프랑스 남부 몽펠리에서 가까운 바닷가 마을로 지중해에 면해 있다.

리고 숭어 떼를 순식간에 인간들이 친 그물 속으로 몰고 갔으며, 그물 벽을 지나가며 먹잇감을 잡아먹었다.

이 이야기는 플리니우스의 수많은 판타지 중 하나처럼 느껴진다…. 그렇지만 모두 사실이며, 우리 시대에도 여전히 벌어지고 있는 일이다. 모리타니에서는 임라구엔 부족이 숭어를 잡을 때 이런 기술을 썼다. 모리타니인들의 노예였다가 해방된 지 이제 겨우 몇십 년밖에 안 된 이 부족은 수백 년 동안 주인들에게 엄청난 수의 물고기로 세금을 납부해야 했다. 무거운 세금을 내느라 힘들었던 임라구엔 부족에게는 믿기 힘들 만큼 충실한 동맹자들이 있었다. 바로 돌고래였다. 임라구엔 부족은 돌고래들을 부르기 위해 바닷물을 정확한 리듬으로 두드리며 타악기처럼 연주했다. 그런 다음 인간들과 돌고래들은 미로처럼 펼쳐진 그물을 이용해, 도약한 숭어들이 해안으로 밀려 올라오게끔 협조했다. 유감스럽게도 이 기술은 서서히 자취를 감추어, 현재 모리타니에서는 더 이상 사용되지 않는다.

그러나 브라질 라구나 마을의 진흙투성이 석호에서는 어부 200명 정도가 지금도 돌고래들과 공생 관계에 있다. 사람들은 진흙 늪에서 투망으로 숭어를 잡는데, 종처럼 생긴 그물을 숭어 떼에게 던진다. 돌고래들은 음파탐지기 덕분에 탁한 물속에서도 숭어를 볼 수 있고(인간은 숭어를 보지 못한다),

인간은 그물을 사용해 숭어를 꼼짝 못하게 할 수 있다(돌고래는 숭어를 그물로 잡지 못한다). 인간과 돌고래의 동맹이 라구나에서 언제 어떻게 시작되었는지는 아무도 모른다. 그러나 오늘날 인간과 돌고래의 공생은 둘 모두의 생존에 필수적인 것이 되었다.

돌고래들은 어부들과 소통하기 위해 그리고 그들에게 머리나 꼬리를 움직여 그물 던질 곳을 알려주기 위해 언어를 만들어 내기까지 했다. 이 언어는 대대로 전해져 내려오고 있다. 게다가 인간과 협력하는 돌고래 떼는 오직 그들만의 문화적 특성까지 발달시켰다. 그들은 다른 돌고래들과 어울리지 않고 자기들끼리 모여 있기를 좋아한다. 라구나에서 인간들과 협력했던 돌고래들의 소리를 음향으로 측정해본 결과, 인간과 '소통'하지 않는 다른 보통 돌고래들과 차별되는 그들 특유의 '억양'이 있었으며 휘파람과 비슷한 그들만의 소리를 냈다. 어부들 역시 돌고래와의 상호작용과 연관된 그들만의 표현과 은어를 만들어냈다. 어부들은 돌고래 한 마리 한 마리를 식별할 수 있었고, 하나하나 이름도 붙여주었다. 물 밑에서는 돌고래끼리도 서로 이름을 지어 부른다. 두 문화가 라구나의 모래톱 위에서 만난다. 물 위와 물 밑에서 두 가지 이야기가 각각 포르투갈어와 돌고래의 휘파람 소리로 함께 쓰이고 있다.

인간과 바다 생물의 관계가 반드시 먹이를 찾기 위한 협력에만 기반하는 것은 아니다. 아무 목적 없이 순전히 서로에 대한 호기심에서 협력하는 경우도 많다.

폴리네시아에 위치한 티푸타협로에서 잠수하는 동안 나는 운 좋게도 큰돌고래들을 관찰할 수 있었는데, 이때 사람들과 돌고래들의 놀라운 교류를 직접 목격했다. 자연스레 잠수부들에게 다가간 돌고래들은 놀이 삼아 그들과 접촉했다. 돌고래는 영리하고 다정하다. 돌고래는 신체적 접촉을 무척이나 좋아하지만, 그들이 계속 야생적이고 자유로운 존재로남아 있게 하려면 때로는 무관심한 척하고 어루만지고 싶은욕구도 억눌러야 한다. 돌고래가 물 밑에 나타난다는 것은 뭔가 비현실적이다. 꼭 영화를 보거나 장난감 돌고래를 보는 것같기도 하다. 그만큼 이 존재들은 완벽하고, 동시에 낯설다.

큰돌고래 두 마리가 잠수부 무리에서 수면으로 올라가는 공기 방울들을 보고 당황해서 주위를 왔다 갔다 하고 있었다. 그중 한 마리가 곁눈질로 우리를 관찰했다. 차분하면서도은밀한 표정이었다. 돌고래는 계속 뽀글뽀글 올라가는 공기방울들 한가운데서 빙글빙글 돌다가 멈추어 섰다가 마치 무중력 상태에서처럼 뒤로 쓰러졌다. 그러더니 등 쪽으로 기울어진 지느러미를 일부러 서투르게 조금씩 움직여서 굵은 공기 방울들을 머리 위에 있는 콧구멍을 통해 내뿜었다. 놀리는 듯한 돌고래의 눈길과 마주치자 나는 농담을 이해하는 사람의 단순한 즐거움을 느꼈다. 돌고래가 우리를 흉내냈다는 사실을 알아차렸다. 우리가 서투르게 헤엄치며 공기 방울을 만드는 모습을 보고 과장해서 흉내낸 것이다. 우리에게서 배우려는 천부적인 모방 반응이었을까? 아니면 그저 조롱의 한 형태였을까? 그는 수수께끼 같은 휘파람 소리로 우리에게 대답한 듯했다. 하지만 무슨 뜻인지 알 수 없었다. 우리는 돌고래의 언어를 이해하지 않고도 그와 실제로 교감하며 모방하는 놀이를 했다. 이번에는 바다가 거울 속에서처럼 우리 안에 자기 모습을 비춰보았다.

바다 생물과 진정한 대화를 계속 나누기 위해서는 그들의 언어를 이해할 필요도, 그들에게 우리 언어를 가르쳐줄 필요도 없었다. 물론 우리 언어를 가르쳐주는 건 웬만큼 가능한 일이다. 돌고래나 바다표범을 가두어놓은 다음, 많은 '단어'를 식별하고 그에 따라 행동하게끔 훈련할 수 있었다. 그러나 그때 인간은 자기 말을 이해시키려 애쓸 뿐 바다 생물의 말을 들으려 하지 않는다.

임라구엔족과 호주 원주민, 티푸타의 잠수부들은 바다 생물과 대화하려고 애쓰지 않는다. 이들은 바다 동물에게 말을 가르치기 위해 동물들을 조련하지 않는다. 단어들 너머에 있는 것을 동물들과 함께 나누려고 애쓴다. 사람들 자신이 바다 생물이 사는 세계의 일부가 되려고 노력한다. 저마다 상대의 소리를 해석하지만 무슨 뜻인지 완전히 알지는 못한다. 그렇지만 의도는 언어의 장벽을 넘어선다. 우리는 언젠가는 과학이 바다 생물의 언어를 해석하리라는 희망을 품을 수 있다. 어쩌면 그들이 우리의 언어에 접근하거나, 우리의 대화를 서로에게 통역해줄 수 있을지도 모른다. 물론 통역이 꼭 필요한 것은 아니다. 수천 년 전부터 어떤 이들은 통역 없이 그들에게 말을 걸어오지 않았던가.

단어 없는 대화는 영감을 줄 수 있다. 인간끼리 대화를 나누는 데 하나의 본보기가 될 수도 있다. 왜냐하면 돌고래와 인간처럼 사람들에게는 저마다 자신만의 언어가 있으며, 타인이 이 언어를 완벽하게 이해하는 것은 불가능하기 때문이다. 대화할 때 사람들은 상대방에게 자기를 이해시키려고 지나치게 애쓴다. 상대의 언어로 말하거나 상대가 자신의 언어를 이해하도록 강요한다. 그러지 말고 자기 생각을 제 나름대로 자유롭게 그리고 자기만의 스타일로 표현하면 좋지 않을까? 모든 걸 다 이해하려고 애쓰지 않으며, 그저 다른 사람들 얘기에 마음으로 귀 기울이고, 또 상대가 내 말을 알아듣지 못하면 어쩌나 그런 걱정 따위는 하지 말고. 돌고래는 돌고래의 언어로 말하고, 인간은 인간의 언어로 말한다. 그럼에도 폴리네시아 해역에서 돌고래와 인간은 있는 그대로 서로의 얘기에 귀 기울이고 서로를 이해한다.

　　바닷새들은 드넓은 바다에서 안초비를 찾기 위해 서로 소통하면서 '목청껏'이라는 원칙을 따른다. 예를 들어 제비갈매기tern는 뭔가 흥미로운 것을 발견하면 바로 시끄럽게 짹짹거리며, 그 사실을 갈매기gull나 슴새shearwater 등 다른 모든 생물체에게 알린다. 어찌나 목청껏 요란하게 울어대는지 배나 고래도 그 목소리와 신호를 눈치챌 정도다. 제비갈매기가 정확히 무슨 얘기를 하는지 아무도 모르지만, 그건 중요하지 않다. 북극에서 남극까지 날아갈 수 있는 이 작은 흰 새는 카리스마가 넘쳐서 날카로운 소리로 어떤 동물들에게 활기를 불어넣고 자기를 따르게 만든다. 내가 제비갈매기가 다른 새들과 나누는 매혹적인 대화를 발견했을 때, 내 운명은 경이롭고 다채로운 다른 종의 운명을 만났다. 바로 붉은참치였다.

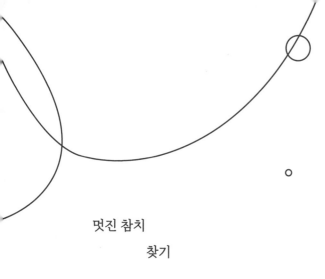

멋진 참치
찾기

새들이 왜 날아다니는지 알 수 있는 곳
참치 캔이 뮤직박스로 바뀌는 곳
온갖 종류의 참치 이야기를 들을 수 있는 곳

참치는 아마도 당신의 삶 속으로 들어간 것처럼 내 삶 속으로도 들어왔을 것이다. 삼각 샌드위치의 샐러드 사이에서, 학교 식당에서 상자에 담겨 나오는 샐러드를 통해. 요컨대 조각나 내 삶 속으로 들어왔다.

시간이 한참 흘러, 이 조각들을 만들어낸 엄청난 존재

를 만났다.

유럽 대륙과 코르시카섬 중간에서 우리는 수평선에 둘러싸인다. 360도로 펼쳐진 무한한 바다는 어떤 이들을 불안에 빠뜨린다. 저 아래로 보이는 푸른색도 두려움을 불러일으킬 수 있다. 현기증이 나는 건 당연하다. 배가 2천 미터나 되는 깊은 구렁 위에 매달려 떠다니는데 어떻게 현기증이 나지 않을 수 있겠는가. 배는 무한한 푸른색에 숨은 가파른 산과 깊은 협곡 위를 날아가는 듯하다.

그렇지만 언제나 넓고 넓은 바다의 외로움이 오히려 나를 안심시켰다. 끝없이 펼쳐진 평평한 바다 한가운데 떠 있는 배 위에서는 멀리서 오는 것을 전부 볼 수 있다.

해가 하늘 가장자리까지 올라오더니 널리 퍼져나가는 쪽빛 속에서 아침의 오렌지색 커튼을 걷어내기 시작했다. 우리는 눈을 가늘게 뜨고 바다에 이는 잔물결을 유심히 살폈다. 동쪽에서 바닷물이 거울처럼, 태양이 굴러떨어져 백열하는 웅덩이로 변한 듯이 시선을 뜨겁게 달구었다. 반대쪽 바다는 강렬하면서도 마음을 편하게 만드는 남색을 띠고 있었다.

처음에는 아무것도 없었다. 끝없이 펼쳐진 잔잔한 바

다, 잔물결…. 이따금 술에 취해 비틀거리는 듯 보이는 파도가 몇 차례 밀려왔다. 그것 말고는 오직 물과 공기뿐이었다.

"저기 뭐가 있는 것 같은데, 안 그래요?"

내가 실눈을 뜨고 쌍안경의 동그란 렌즈 속을 들여다보고 있을 때였다. 아주 작은 점 하나가 빠르게 지나갔다.

"어디요?"

"다섯 시 방향이요."

"새 같은데요."

하얀 점 하나가 허공에서 나와 모습을 드러냈다. 새들이 갑자기 바다에 나타나다니! 놀라운 일이었다. 새들은 파도가 움푹 들어간 부분에서 물에 닿을락 말락 앉아 있었다. 쌍안경을 가장 크게 확대해도 눈에 들어오지 않았다. 그런데 새들이 갑자기 하늘 가장자리에 모습을 보였다.

새들은 무슨 결심이라도 한 듯 곧장 앞으로 날아갔다.

"제비갈매기 같은데, 따라가봅시다."

얼마 지나지 않아 제비갈매기 두 마리가 등장하더니, 이내 열 마리가 마술처럼 불쑥 나타나 같은 코스를 날았다. 그들은 자신 있고 활기찬 목소리로 서로를 불렀다.

그때 우리는 바다쇠오리들이 바람을 거슬러 물에 닿을 듯 말듯 지그재그로 날아가는 모습을 보았다. 수많은 갈매기가 거기에 소금과 후추를 한 움큼 뿌려놓은 것처럼 하늘을 가득 메웠다. 갈매기들은 어설프게 날며 하늘을 빙빙 돌았다.

제비갈매기들이 미친 듯이 오르락내리락하면서 하늘 높이 올라갔다. 그중 한 마리가 급히 몸을 돌리더니 느닷없이 꼬리를 부채 모양으로 펼치며 방향을 바꾸었다. 수평선 반대쪽 끝에서 가느다란 하얀 선 하나가 나타났다. 새는 선을 알아보았던 것이다. 큰 소리로 울며 날아가는 새 떼와 함께 우리는 그 제비갈매기를 따라갔다. 그러자 바다가 끓어오르기 시작했다.

바다에서는 순식간에 수백 미터에 걸쳐 거품이 솟아올랐다. 장엄한 살랑거림이 일고, 눈부신 빛이 어지럽게 섞였다. 반짝반짝 빛나는 안초비 떼 수천 마리가 포식자들의 공격을 받고 수면으로 밀려 올라와 당황하고 있었다. 북방가넷nothern gannet◆들이 투창을 꽂듯 물거품 속으로 잠수했다. 돌고래들은 빠르게 왔다 갔다 하다가 소용돌이를 갈랐다. 제비갈매기들은 열광하며 떼를 이루어 잠수했고, 바다오리들은 꼭 어린아이처럼 무언가에 도취된 표정으로 납작 엎드려 바닷속으로 뛰어들었다. 그 순간 어두운 색을 띤 거대한 유선형 형체가 환하게 빛나더니 공중으로 솟아올랐다가 무지갯빛 포말과 함께 다시 떨어지면서 파도에 부딪치는 모습을 보았다. 돌연 참치

◆　　가다랭이과 새 중에서 가장 큰 바닷새

의 울음소리가 울려 퍼졌다. 귀가 먹먹할 정도로 어마어마하고 무시무시한 외침이었다.

참치의 울음은 아주 멀고 먼 옛날부터 들려왔다. 그 소리는 5천 년이 넘도록 지중해 사람들의 귓속에서 울렸고, 세월이 흐르면서 다양한 음색을 띠게 되었다.

신석기시대 조상들에게 참치 울음소리는 부족을 대표해서 망을 보는 이가 커다란 조개 나팔을 가장 길게 불어야 한다는 것을 의미했다. 참치들은 1년에 한 번씩 암벽과 해안 사이를 지나 이동했다. 망보는 사람은 절벽 꼭대기에서 몇 주 동안 연례행사를 기다렸다. 밤마다 그는 힘이 엄청나고 환하게 빛나는 참치에 관한 전설을 너무 많이 떠올리는 바람에, 종종 참치가 어떻게 생겼는지를 잊어버렸다. 그럴 때면 참치의 생김새를 떠올려보기 위해 조상들이 동굴 벽에 숯으로 그려놓은 참치 그림을 보러 가곤 했다. 드디어 참치 떼가 바위로 둘러싸인 작은 만의 투명한 바닷물 속에 다채로운 색깔로 모습을 드러내면, 그는 거대한 진주모빛 소라고둥 나팔을 있는 힘껏 불었다.

고고학 탐사를 통해 우리는 신석기시대 부족들이 암석으로 이루어진 곳에서 참치를 잡았다는 사실을 알게 되었다. 해안을 지나가는 참치 떼를 둘러싼 뒤 해변으로 밀려 올라가도록 몰고 갔던 것이다. 프로방스와 시칠리아, 크레타섬의 동굴에 그려진 벽화를 보면 참치가 영적으로 얼마나 중요했는

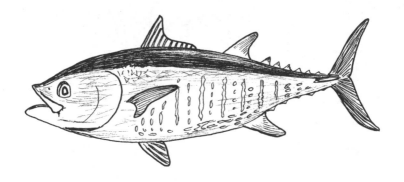

붉은참치

지 그리고 참치를 잡는 사람이 어떻게 작살로 무장했는지 엿볼 수 있다. 원시시대의 수단으로 참치를 제압했다면, 분명 자신만의 전설이 생겨났을 정도의 수훈을 세운 것이었으리라.

붉은참치는 힘이 어마어마하다. 이 물고기는 먼바다에서의 삶, 푸른 바다에서의 외롭고 불안정한 생활에 적응했다.

그에게는 휴식을 취할 만한 거처가 없다. 쉼 없이 늘 유영해야 한다. 그는 해류를 따라가는 영원한 여행자처럼 산다. 심지어 잠을 잘 때도 수영을 한다. 만일 참치가 유영을 멈추면 깊은 바닷물 속으로 가라앉아 익사하고 만다. 참치는 앞으로 나아갈 때만 숨을 쉴 수 있기 때문이다. 참치의 아가미는 오직 해류가 계속해서 통할 때만 기능한다. 참치의 몸은 매우 큰 심장에서 에너지를 공급받는 거대한 근육에 불과하다. 다른 모든 장기는 반드시 필요한 것만으로 축소되어 있다. 엄청난 근육 덩어리에 영양을 공급하기 위해 호흡기와 혈액 시스템은 동물계에서 가장 효율적으로 돌아간다.

그런데 참치는 이동 생활에 필수적인 에너지를 얻으려면 끊임없이 먹어야 한다. 안초비 떼, 크릴새우krill 떼, 정어리 떼, 고등어 떼 등을 닥치는 대로 먹어 치운다. 필요하다면 해파리도 먹는다. 계속 유영할 수 있는 에너지를 얻으려면 자기 몸무게와 맞먹는 양을 매일 섭취해야 한다. 참치의 개체수가

우리 해안이 '해파리의 해'를 맞느냐 아니냐를 결정할 정도로
참치는 해파리를 먹어 치운다. 어린 참치는 이처럼 왕성한 식
욕을 발휘하며 쑥쑥 자란다. 성장기 때의 참치는 몸무게가 매
년 두 배로 늘어난다.

그래서 태어난 첫해부터 참치는 60일 만에 대서양을
횡단할 수 있다. 게다가 바닷물이 따뜻한 바하마제도에서 얼
음처럼 차가운 아일랜드까지 여행할 수 있게끔 자기 체온을
바닷물 온도보다 높이 올릴 수 있다. 뜨거운 피를 가진 유일한
물고기다.

참치에 관해 이렇게 자세히 알지도 못했을 아리스토텔
레스는 "이것은 자연의 경이"라고 말했다.

참치의 울음은 또한 그리스인과 로마인의 귀에도 울렸
다. 세련된 참치 애호가인 그들은 참치를 암포라◆에 담아 고
대 세계의 모든 항구로 운반해서 몇 년에 걸쳐 숙성시킨 다음
올리브유에 찍어 먹었다. 그때는 알렉산더 대왕의 함대가 항
로를 방해하는 엄청난 참치 떼에 맞서기 위해 전투대형으로

◆   고대 그리스의 항아리 모양 토기로, 로마시대에도 널리 쓰였다.

정렬할 만큼 참치가 많았다.

그 시대의 위대한 사상가들은 참치의 이동에 얽힌 미스터리를 풀려고 애썼다. 이 거대한 여행자가 왜 익숙한 세계 너머로 사라졌다가 항상 같은 이동로를 통해 충실하게 다시 돌아오는지 궁금했다. 아리스토텔레스는 참치가 왼쪽 눈이 멀었으며, 언제나 자기 오른편에 해안을 두고 지중해 둘레를 따라간다고 확신했다. 또한 참치가 흑해 어귀에 있는 어떤 흰색 절벽의 광채가 무서워서 이동 방향을 바꾸는 것이라고 생각했다.

아리스토텔레스 이후로 참치에 관한 지식은 크게 늘었지만, 참치의 여행 경로는 여전히 큰 미스터리로 남아 있다.

중세에는 참치의 노래가 마드라그◆로 참치를 잡는 사람들을 위한 노래가 되었다. 길 잃은 참치 떼는 그물 속에 갇혔고, 작살을 든 어부의 손에 넘겨졌다. 피와 거품 속에서 미친 듯이 날뛰는 참치 떼가 있는 그물 한가운데로 작살을 들고. 내려가, 여러 가족을 먹여 살릴 거대한 동물을 고립시킨 다음 뭍으로 올리는 것은 위험한 일이었다. 그물 속으로 내려가면

◆   참치잡이 그물

서 서로를 격려하기 위해 어부들은 함께 돌림노래를 불렀다. 지중해 연안에 사는 모든 민족은 마드라그로 참치를 잡는 기술을 보완해가며 개선했다. 각각의 문화는 마드라그 기술을 세부적으로 보완해가며 노래에 후렴을 덧붙였다. 마드라그 어부들의 노래에는 오늘날에도 여전히 지중해 도처에서 각자의 언어로 성경과 코란의 기도, 라틴 세계의 미신, 이베리아 반도의 전설이 뒤섞여 있다.

참치의 울음소리와 노랫소리는 수천 년 동안 지중해 유역에서 울려 퍼졌다. 그러나 어느 날, 참치 소리가 거의 끊길 뻔했다.

1980년대 이전만 해도 일본인들은 참치를 좋아하지 않았다. 일본에서 실수로 그물에 걸린 참치는 모두 고양이 사료가 되었다. 떠오르는 태양의 제국에서는 아직도 기름진 생선을 생선으로 인정하지 않는 몇몇 케케묵은 생선초밥 애호가를 만날 수 있다. 이들은 도다리초밥이나 가리비초밥이야말로 진정한 초밥이라고 여긴다.

그런데 안타깝게도, 일본산 기술 제품을 유럽이나 미국으로 수입하는 해운회사들은 배가 돌아갈 때 뭔가 수출품을 신기를 원했다.

고도의 경제성장을 이룬 이 나라에 유행을 퍼뜨리는 것은 어려운 일이 아니었다. 참치를 물에 담가 일본인들이 싫어하는 이상야릇한 맛을 제거하는 것으로 충분했다. 30년 전 같았으면 일본 고양이들에게게마저 멸시당했을 참치는 대대적인 홍보 덕분에 얼마 지나지 않아 자칭 미식가들에게 스포츠카만큼이나 비싼 가격으로 팔렸다.

수익성이 높은 무역을 촉진하기 위해 붉은참치의 산란지를 공략할 목적으로 유럽에서는 전기 장치와 보조금을 받은 공장식 대형 트롤선을 임차해왔다. 이로써 배에서 촘촘한 그물을 쓰거나 마드라그 방식과 작살을 이용하는 방식은 끝나버렸다…. 참치 낚시와 관련된 수많은 직업과 그들이 오랫동안 유지해오던 전통이 서서히 사라져갔으며, 심지어는 금지되기까지 했다. 참치는 소수의 사업가 선주들이 좌지우지하는 개인 자원이 되었다. 한때 여러 민족을 매혹했던 참치는 이제 알을 낳으려고 모여들었을 때 사람들에게 잡혀 갇힌 채 거대한 비육용 케이지로 옮겨지기도 전에 증권시장에서 가격이 매겨졌다. 그 후 참치는 냉동장치를 갖춘 항공기로 운송된 다음, 마지막에는 밥 위에 얹히고 간장에 적셔졌다. 참치의 개체수는 급격히 줄어들었다. 참치가 희귀해지면서 가격이 뛰자 트롤선들은 대규모 불법 어업망을 조직해 더 많은 참치를 잡아 올렸다.

10년 동안 공격적으로 참치를 잡는 바람에 2000년대 초가 되자 붉은참치의 개체수는 이전 보유량의 15퍼센트밖에 남지 않게 되었다.

그날 내가 어떤 기적에 의해 지중해의 먼바다에서 참치 울음소리를 들을 수 있었을까. 그건 아무도 모른다. 참치의 귀환은 경이로운 사건이었다. 바다는 이 사건을 통해 인간은 감히 상상도 할 수 없을 정도로 넓은 바다 세계를 극적으로 보여주었다.

참치가 돌아온 데에는 2000년대 말에 참치잡이 트롤선을 대상으로 가까스로 제정된 법규와 관리가 분명 도움이 되었으리라. 하지만 그 정도로는 충분하지 않았다. 2011년 리비아 혁명 역시 참치를 구하는 데 기여했다. 리비아 혁명은 참치를 남획하는 프랑스 트롤선과의 주요 협력을 무력화했다. 그러나 붉은참치가 다시 늘어난 것은 특히 태양의 활동과 해류 그리고 아직까지 설명되지 않는 요인들과 관련된 약 20년의 자연 주기 덕분이다. 여러 요인이 결합하고, 어쩌면 고대인들이 내세운 오래된 원칙들 중 한두 개의 도움을 받아 붉은참치 떼가 기적적으로 해안에 다시 나타난 것이다. 수많은 참치가 다시 모습을 드러냈지만, 앞으로도 계속 그러리라는 보장은 없다.

그날 내가 붉은참치를 만나러 간 이유는, 참치의 미스터리를 이해하고 참치를 보호하는 데 도움을 주기 위해서였다. 나는 모나코 스포츠낚시협회 소유 선박의 선상에서 열린 붉은참치에 번호표를 붙이는 캠페인에 자원봉사자로 참여했다. 우리의 첫 번째 목표는 잡기 힘든 붉은참치들 가운데 한 마리에게 번호표를 붙인 다음 바다로 돌려보내서 그 비밀을 알아내는 것이었다.

참치의 무시무시한 울음소리가 울려 퍼졌다. 배 위에 있던 사람들은 갑작스런 두려움에 사로잡혔다.

참치가 난폭하게 출발하자 무게를 이기지 못한 황금색 권양기가 나일론실을 20미터씩 뱉어내며 아우성쳤다. 배 뒤편에서 이런저런 지시가 내려졌다. 다른 줄들을 다시 끌어올리고, 멜빵을 걸치고, 각자 자기 자리에서 준비했다. 참치는 멈출 생각이 없는 듯 배에서 수백 미터쯤 떨어진 지점을 계속 헤엄치고 있었다.

바닷속을 유영하는 참치를 서둘러 쫓아가서 마구 풀려나가고 있는 낚싯줄의 일부를 다시 잡았다. 참치가 몸을 돌려 배로 되돌아오게 설득하려면 힘과 꾀를 겨루는 놀이를 해야 했다.

참치는 자기 아가리 가장자리에 걸린 아주 작고 끝이 구부러진 낚싯바늘을 평소 많이 잡아먹는 물고기의 가시 하나 정도로밖에 느끼지 못할 것이다. 나는 전력을 다해 낚싯대를 조였다 늦추면서 참치를 항구로 다시 끌고 오려고 애썼지만 방향을 돌리게 할 수는 없을 것 같았다.

참치는 결국 진력이 난 듯 보였다. 배 바로 밑에서 몇 차례 크게 선회하면서 살짝살짝 수면으로 올라왔다. 그렇지만 체력이 조금 떨어졌을 뿐 항복한 건 아니었다. 그저 배를 더 가까이에서 보고 싶어서였을까. 참치의 눈길에서 건드릴 수 없는 자부심이 느껴졌다. 그는 패배하지 않았다. 우리에게 자신을 포획하라고 기회를 준 것이었다. 참치의 눈길이 잊히지 않는다.

줄에 매인 참치는 방금 포장을 뜯은 새 장난감처럼 배 옆에서 믿을 수 없을 만큼 완벽한 자태로 번쩍거리며 헤엄치고 있었다. 강청색 줄무늬, 조화로운 세로무늬, 상상력이 넘치는 현대 유화 작품에 그려진 듯한 구릿빛 반점들 그리고 완벽한 유선형…. 이 참치 뒤편에서는 군집에 속한 열 마리 정도의 참치가 배의 항적을 따라 그를 뒤따르고 있었다. 꼭 유령들이 도망치는 것처럼 보였다. 참치 한 마리가 단호한 표정으로 군집에서 벗어나 주저하지 않고 한 방향으로 유영하면, 나머지 참치들은 무슨 생각이 있어서 그러나 보다 믿고 따라간다. 그리고 실제로 참치 한 마리가 직접 낚싯배를 향해 참치 떼를 이끌어갈 때도 그렇다.

30킬로그램은 족히 되어 보이는 이 참치는 배 근처에서 원기와 피부색을 되찾았다. 좋은 기회였다. 옆에 쭈그리고 앉은 나는 뱃전에서 검은색 숫자로 부호가 표시된, 작고 빨간 플라스틱 화살이 달린 막대기 하나를 끄집어냈다. 재빨리 등에 화살 한 방을 쏘고, 아가리에 박혀 있는 낚싯바늘을 펜치로 빼냈다. 국수 가락처럼 생긴 빨간색 화살로 등지느러미를 장식한 참치는 다시 푸르른 바닷물 속을 유유히 헤엄쳐갔다.

이제 참치는 마치 바다에 떠다니는 유리병 같다. 번호표가 붙은 참치는 수백 킬로미터를 유영할 것이며, 아마 언젠가는 다른 누군가를 만나게 될 것이다. 누군가는 참치 등에 붙은 스파게티 모양의 작고 붉은 플라스틱 화살을 보고 거기 쓰인 전화번호를 메모할 것이다.

⊚

    내가 참치에게 번호표를 붙이는 캠페인에 참여한 뒤로 프랑스에서도 운동이 시작되었다. 그러자 스포츠 낚시를 하는 애호가 수십 명이 참치의 아름다움에 매료되어 이 캠페인에 동참했다. 참치 수백 마리가 등에 국수 가락처럼 생긴 붉은색 화살을 달고 다시 바다로 떠나갔다. 그중 일부는 벌써 자신들의 여행 이야기를 들려주었다. 프랑스에서 번호표를 붙인 참치들은 미국과 아드리아해, 발레아레스제도 등 도처에서 다시 만날 수 있다. 수많은 참치가 어쩌면 10년 뒤 어디에선가 300킬로그램쯤 무게가 늘어난 자신들을 발견할 사람을 기다리며 오늘도 여전히 유영하고 있을지 모른다.

    참치의 이동은 아리스토텔레스 시대에 그랬던 것처럼 여전히 매혹적인 미스터리다. 그러나 베일은 조금씩 벗겨졌다. 프랑스 본토와 여기에서 그리 멀지 않은 코르시카섬만 왔다 갔다 하는 정주定住형 참치들이 있는가 하면, 지브롤터해협을 지나 캐나다 근해까지 크게 일주하는 참치들도 있다.

    참치들의 장거리 여행을 명확히 밝혀내면 개체수를 파악해 국제적으로 관리하면서 더 잘 보호할 수 있을 것이다. 우리가 프랑스 참치라고 믿는 참치가 캐나다나 스페인, 모로코 참치이기도 할 테니까. 장거리 여행자인 참치를 보호하려면 범세계적인 규정이 필요하다. 개체수를 국제적으로 관리할 경우, 오래전부터 참치 관리를 권장해온 미국이나 캐나다, 모나코, 노르웨이 같은 나라는 이 일에 더 큰 영향력을 행사할 것이다.

그런데 참치에 표시를 하다 보니, 초보적인 수단으로 그들을 뒤쫓는 마지막 모히칸족이라 할 수 있는 몇몇 스포츠 낚시 애호가들의 참치를 향한 열정을 되살려놓았다. 원시시대 이후로 조상들에게 활기를 불어넣은 열정, 매우 오래된 전통을 향한 열정, 모든 항구에서 전설과 축제에 활기를 불어넣던 열정, 인간과 자연이 다시 관계를 맺고 서로에게 영향을 주고 대화하게 만든 열정…. 그것은 새들의 비행을 보며 희망을 품고 수평선을 유심히 살펴보던 기술을 되살리는 것이며, 참치의 울음소리가 퍼져나갈 때 전율하는 것이다. 결코 멈추지 않고 항상 앞으로 나아가며 영감을 주는 이 삶 앞에서 감탄하고 꿈꾸는 것이다.

우리는 참치가 과거에 지니고 있던 목소리를 참치에게 되돌려주었다.

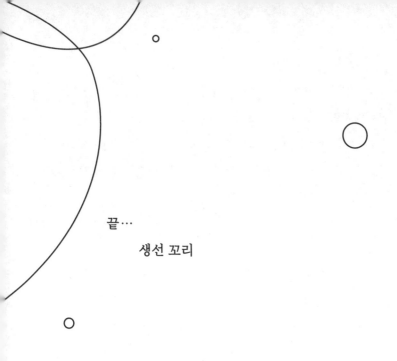

끝…

생선 꼬리

    동쪽에서 태양이 눈을 따갑게 했다. 파노라마처럼 펼쳐진 드넓은 바다의 푸르름 속에 거대한 빛줄기가 동쪽에서 서쪽으로 기울어졌고, 잔잔한 파도의 리듬에 맞춰 춤을 추었다. 고요한 아침에 흩어진 정어리들은 사방에서 플랑크톤을 집어삼키며 헤엄쳐갔다. 정어리들 위로 하늘의 웅덩이가 일렁였다. 부드러운 핑크빛이 그날의 푸르름에 녹아들었다.

    아래쪽에서는, 서쪽으로 드리워진 정어리들의 그림자가 여전히 어둠으로 가득한 깊고 깊은 심해 속으로 떨어졌다.

아래쪽 저 멀리서 참치들이 춤을 추듯 흔들리는 이 그림자를 보았다.

참치들이 다가오자 정어리들은 전율했다. 정어리들은 단숨에 한데 뭉쳐서 겁에 질린 촘촘한 덩어리로 조직되었다.

바다의 거울이 되는 것. 정어리들은 그것만이 참치의 시선에서 벗어날 수 있는 유일한 수단이라는 점을 알았다. 풍경 속에 녹아드는 것, 그저 주위의 반영이 되어야 하는 것이다. 정어리들이 동시에 같은 각도를 취해서 바다의 푸른색이 은빛 껍질의 모든 면에 반사되어야 텅 빈 바다와 구별되지 않는다. 떨지 말고 특히 비늘 가장자리가 강한 햇빛에 노출되지 않게 조심해야 한다. 빛이 살짝만 비쳐도 정어리가 그곳에 있다는 게 드러나 위험해지기 때문이다. 정어리는 몸을 곧게 유지하고, 다른 정어리들과 함께 눈에 띄지 않게 떨면서 사라졌다.

그러나 이미 정어리 껍질에 반사된 바다에서는 참치들이 모습을 드러내고 있었다. 참치들은 잘 훈련받은 무자비한 군대처럼 대열을 이루어 다가왔다. 착시를 바라기에는 너무 늦었다. 참치의 세모진 눈은 벌써 정어리 떼가 어디에 있는지 알아냈다. 정어리는 지느러미가 긴 유선형의 검은 형체들이 모습을 드러내는 것을 지켜본다. 형체들이 갑자기 다 함께 색깔을 띤다. 참치들은 방금 정밀하게 보정된 자외선 파장에서 강렬한 파란색 줄무늬를 비춰 정어리들의 시야를 흐리게 했다. 눈부신 섬광이 있었다.

참치들의 공격은 전격적으로 이루어졌다. 그들 가운데 한 마리가 맨 먼저 정어리 떼 정중앙으로 로켓처럼 뚫고 들어갔다. 정어리들은 참치를 피하기 위해 양쪽으로 갈라졌고, 그 뒤 다시 뭉쳐서 한 덩어리가 될 시간이 없었다. 다른 참치들도 이미 도착했다. 사방에서 몰려든 참치들은 더 큰 추진력을 얻기 위해 수면을 뚫고 솟구쳤다가 귀청이 떨어져나갈 정도의 폭발음과 함께 당황하는 정어리 떼 한가운데로 떨어졌다. 참치들의 수는 시시각각 불어났다. 굶주린 폭탄 수백 개가 정어리들 사이로 떨어져 폭발했다.

정어리 떼는 공포에 굴복하지 않았다. 정어리들은 앞도 제대로 보이지 않고 반쯤 제정신이 아니었지만, 살아남으려면 무리를 이루어 서로에게 귀 기울여야 했다. 이는 한 마리의 물고기처럼 함께 행동하기 위해서다. 포식자들이 당황하도록 정어리들은 아라베스크나 소용돌이무늬 형태로 한데 모여 무리를 이루었다. 서로 떨어졌다가 바로 다시 합침으로써 참치들의 공격을 피하려고 했다. 또 햇빛을 모든 방향으로 반사시켜 참치들의 시야를 흐리게 만들려고 애썼다.
그러나 참치들은 멀리서 왔다. 단 한순간도 멈추지 않

고 밤낮으로 여행했다. 배가 고파 죽을 지경이었다. 참치들은 작전을 바꿔 공처럼 둥글게 뭉쳐 있는 정어리들을 수면으로, 움직이고 있어서 뛰어넘을 수 없는 하늘의 벽으로 밀어냈다.

정어리 한 마리가 참치의 공격을 피하려고 뛰어오른 다른 정어리들의 움직임에 휩쓸려 공중으로 튀어 올랐다. 가볍고 건조한 허공에 몇 초 동안 잠시 멈춰서, 참치들의 공격을 받아 끝없이 부글거리는 바다, 탁탁 소리를 내며 높이 뛰어오르는 다발 형태를 이룬 다른 정어리들 그리고 텅 비어 있다가 흥분한 새들이 몰려든 하늘을 바라보다 엄청난 혼동 속으로 다시 떨어졌다. 바다는 이제 뭐가 뭔지 알 수 없게 마구 뒤엉킨 해류와 소용돌이의 난장판이 되었다. 참치들이 공격해오는 소동 속에서 다른 정어리들이 내는 소리를 듣고, 조직적으로 행동한다는 것은 불가능한 일이었다.

제비갈매기 한 마리가 정어리의 왼쪽으로 급강하하며 띠 모양의 물거품을 일으키더니, 부리를 가득 채우고는 수면에서 날개를 펼쳐 다시 날아올랐다. 제비갈매기의 공격을 피하려던 정어리는 강한 수압을 느꼈다. 어디로 가야 할지 알 수 없었다. 이제는 바다와 공중에서 동시에 공격을 받는 상황이 되어버렸다. 참치 한 마리가 뒤쪽에서 뛰어올랐다가 철썩 소리와 함께 물거품을 튀기며 다시 물속으로 들어갔다. 무리에 남아 있던 정어리 한 마리가 갑자기 빠져나왔다. 그렇게 한쪽에 고립된 정어리는 정어리 떼에 합류하지 못했다. 참치 한 마리가 이 정어리를 발견하고 잠깐 따라가다가 몸을 홱 돌리더니 멀리 희미하게 사라져가는 정어리 떼를 잡아먹기 위해 아가리를 벌리고 잠수했다. 정어리는 혼자 따로 남겨졌다. 자신을 보호해주는 다른 정어리들은 멀리 있으니, 이제 언제 어디서 누구의 눈에 띄어 공격받을지 모르는 신세가 되었다. 살아남을 수 있는 유일한 방법은 똑바로 헤엄쳐가는 것뿐이었다.

수백만 개씩 뽑혀나간 비늘이 눈송이처럼 푸른빛 속에서 반짝였다. 정어리는 누군가의 눈에 띌까 봐 두려움에 떨며 헤엄쳤다. 은빛 거울 같은 그의 껍질 위로 참치들이 잔치를 벌이는 장면이 비치다가 점점 작아졌다. 은빛 거울에 이런 이미지가 비치게 되다니! 자신을 보이지 않게 만들었던 수많은 장면 그리고 껍질에 새겨진 그 장면의 색깔들. 정어리는 있는 힘을 다해 헤엄치면서 자신의 비늘에 그대로 복제해둔 장면들을 회상했다. 돌고래들의 놀이, 대형 선박의 선체, 멀리 떨어진 섬의 바위들, 기이한 바다거북들…. 정어리는 너무나 많은 비밀을 간직하고 있었다. 그런데 이 은밀한 이야기는 앞으로 어떻게 전개 될까? 비밀을 간직한 정어리는 몹시 위태로운 정어리 한 마리에 불과했으며, 이미 참치의 위액 속에서 녹아 없어질 뻔했다. 가는 길에 그 어떤 포식자를 만나든 한 입 거리에 불과한, 먹이사슬의 아주 작은 일부다. 이 정어리에게 배어든 이야기가 대양의 순환이라는 소용돌이 속에서 사라지지 않게 하려면 무엇을 해야 할까?

서기 79년 여름, 베수비오산이 분화해 로마의 도시 폼페이와 헤르쿨라네움이 화산재로 뒤덮었다. 플리니우스는 갈리아 나르보넨시스에서 고위공무원으로 일하다가 은퇴한 뒤 거기에서 멀지 않은 곳에 살고 있었다. 이 특별한 자연현상에 매료된 그는 좀 더 가까이에서 관찰하며 이해하고 싶었다. 그는 화산 폭발에 관한 모든 것을 꼼꼼히 기록하고 기술하기 위한 서판書版을 배에 싣고 나폴리만에서 출항하여 사람들이 도망쳐나오는 그곳으로 향했다. 화산재에 가려 해가 보이지 않았고, 속돌이 우박처럼 쏟아져 내렸다. 그러나 플리니우스는 두려워하지 않고 이 사건을 매우 상세하게 기록했다. 그러다 위험이 너무 가까워져 발걸음을 돌리려던 순간, 그는 오직 바다를 통해서만 탈출할 수 있는 화산의 비탈에 살던 한 친구가 떠올랐다. 그의 학문적 탐구는 구조 임무로 바뀌었다. 플리니우스는 화산에서 아슬아슬하게 친구를 구해냈지만, 안타깝게도 자신은 임무를 수행하다 목숨을 잃었다. 화산이 분화하면서 내뿜는 가스가 몹시 위험하다는 사실을 몰랐기 때문이다.

그는 유독성 연기를 마시고 세상을 떠났다. 그러나 그가 생전에 마지막으로 화산 폭발에 관해 쓴 글을 포함한 그의 이야기는 아직까지 살아남아, 우리는 지금도 플리니우스의 글을 읽을 수 있다. 그는 연기가 꼭 우산소나무처럼 퍼져나갔다고 말했다. 서른일곱 권짜리 《박물지》에는 그가 품고 있던 모든 이야기가 쓰여지고 새겨지고 공유되어 남아 있었다. 덕분에 2천 년이 지났지만 여전히 우리는 이 이야기에 귀 기울일 수 있다. 인간 플리니우스의 기록 덕분에 그의 저술은 화산과 시간을 견뎌낼 수 있었다. 그렇다면 정어리는? 정어리의 이야기에는 어떤 운이 따랐을까?

정어리는 시간의 흐름을 의식하지 못할 때까지 한참을 헤엄쳤다. 자기 주변의 물 색깔이 바뀌었다는 사실을, 자신의 비늘이 먼바다의 푸른색이 아니라 수초 무리의 초록색과 바위산의 황갈색을 반사한다는 사실을 눈치채지 못했다. 힘이 다해서 몸이 흔들렸다. 예기치 못한 파도가 정어리에게는 낯선 뭍으로 그를 밀어냈다. 초록색 그물이 막 그를 물 밖으로 건져 올렸다는 것을 깨닫는 순간, 이미 그는 불가사리가 그려진 플라스틱 양동이 속에서 헤엄치고 있었다. 그때 정어리는 처음 보는 존재와 눈이 마주쳤다. 한 아이가 그를 바라보고 있었다. 그리고 기적처럼 목숨을 건진 정어리가 바다의 자유와 위험을 향해 다시 떠나려는 순간, 정어리는 아이에게 자신의 이야기를 전해주고 아이가 자신을 따라오게 이끌어야겠다고 결심했다.

◉

정어리처럼 나도 다시 떠나야 할 시간이다. 나에게는 통과해야 할 많은 수평선과 만나야 할 새로운 물고기들, 깊이 생각해보거나 이해해야 할 많은 미스터리가 남아 있다. 보호를 시도해봐야 하는 종이 많이 있고, 바다와 삶의 균형 속에서 내 자리를 다시 찾기 위해 맞서야 할 도전이 많이 있다. 특히 바다에 사는 생물들이 내 귀에 속삭여줄 이야기 속에서 배우고 발견해야 할 수많은 것이 있다. 어쩌면 언젠가 우리는 다시 마주칠지도 모른다. 어쩌면 나는 그 이야기를 당신에게 할지도 모른다.

어쩌면 당신도 이야기가 가득한 여행으로 당신을 이끌어줄 정어리나 고래, 플랑크톤 요각류 또는 갈매기를 만날 수 있을 것이다. 그리고 당신이 그 이야기를 내게 들려줄지도 모를 일이다.

그때까지는 이 이야기가 우리를 매혹하고 영감을 불러일으켜, 우리가 새로운 이야기를 지어내고 다른 사람에게 들려주게 하자. 바다의 세계는 단어의 세계와 비슷하다. 자유의 공간이며, 계속 그렇게 남아 있어야 한다. 단어를 구속하고 표현과 말에 규칙을 강요하는 사람들은 바다에 장벽을 세우려고 하는 사람들과 같다. 바다는 어느 누구의 것도 아닌 모두의 것이다. 상상력도 마찬가지다. 그러니까 우리, 자신만의 언어로 말하는 외로운 고래가 되어보기도 하고, 거대한 무리를 이루는 안초비 한 마리가 되어보기도 하자. 또는 창조적인 문어나 끈적끈적한 빨판상어 아니면 신중한 바닷가재가 되어보자. 저마다의 방식대로 우리 이야기를 자유롭게 노래해보면 어떨까.

물속에서 펼쳐지는 이런저런 공상들이 당신에게 어떤 몽상과 아이디어 그리고 그것을 친구들과 나누고 싶다는 욕구를, 어쩌면 당신이 무관심했던 생물을 바라보는 새로운 시선과 그들의 이야기를 듣고 알아가고, 보호하고 싶다는 마음을 심어주기를 바란다.

나는 이 책이 가까이 있지만 알려지지 않은 수평선으로 당신을 데려갔기를, 또한 바닷가에서 조개껍데기를 줍듯 당신이 책 속 이야기를 기억해주기를 바란다. 그리고 가끔 그 조개껍데기를 귀에 대어보기를. 그러면 바다의 소리를 들을 수 있으리라.

책 한 권을 쓰기란 정말 힘든 일이다. 그것도 엄청난 더위와 씨름하면서 쓰려면! 사일런트 피아노의 건반을 두드리듯, 손가락들이 자판을 친다. 글을 고치고 지운다. 영감이 떠오르는 순간, 컴퓨터가 먹통이 되고 만다. 밖에서는 음악가들이 트럼펫을 연주한다. 3주 전부터 매일 밤 같은 곡을 연주한다. 그들과 똑같은 리듬으로 자판을 치고 싶은데, 그럴 방도가 없다. 종이에 쓰는 편이 더 경쾌하다…. 하지만 삭제한 흔적이 남는다. 아스피린 약상자가 비는 동안 삭제한 흔적이 페이지를 메운다. 백지보다는 그편이 덜 두렵긴 하지만, 그래봤자다.

생생하게 말하고 이야기를 서술하려면 커다란 제스처

와 친구들 그리고 그들의 질문들과 놀란 시선이 필요하다. 이야기를 글로 쓰기란 쉽지 않다. 이야기를 고정해야만 하고, 하나의 그림으로 만들어야만 하니까. 그러니 이야기를 일차원의 세계로 축소하고, 단 하나의 관점을 취해야만 한다. 바다의 이야기는 훨씬 더 야생적이고, 길들일 수 없다. 어쩌면 그런 이유 때문에 그 어떤 정어리도 책을 쓰지 못했을 것이다.

내가 쓰고 있던 글을 정어리가 어떻게 생각했을지 종종 궁금했다. 나는 도시에서, 서재에서, 컴퓨터 화면 뒤에서 그 세계를 묘사해 고정함으로써 내가 그 세계로부터 오히려 멀어지는 것은 아닌지 두려웠다. 모든 것을 흰 페이지에 검은 글자로 축소하다 보면 본래의 이야기와 단절되어 흐름을 잃지 않을까 두렵기도 했다. 그 탓에 꾸준히 글을 쓸 수가 없었다. 나는 이 이야기를 다시 체험하고 더 들어야 했다. 내가 이야기들에서 멀어지지 않았다는 것을 누가 내게 확인시켜줘야 했다.

책상 위에서 웅웅대는 소리. 진동으로 휴대폰 알림이 왔다. 주의력을 잃어버렸고 영감은 사라졌다. 나는 산만한 마음으로 메시지를 확인했다. 인스타그램 메시지였다. 친구가 특별한 사건이 일어났다며 알려주었다. 방금 파리에서 앨리스 셰이드allis shad 무리를 보았다는 것이었다.

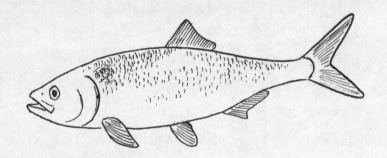

앨리스 셰이드

앨리스 셰이드는 내게 더 이상 전설이 아니었다. 어릴 때 나는 이 엄청나게 큰 정어리가 옛날에는 연어처럼 바다에서 헤엄쳐 프랑스의 모든 큰 강을 거슬러 올라 작은 강에서 알을 낳았다는 얘기를 들은 적이 있다. 마지막으로 큰 정어리들이 센강을 거슬러 오른 것은 1920년의 일이었다. 그 뒤로는 댐과 오염이 그들의 이동을 막아버렸고, 수많은 민간 식도락 전통과 함께해온 이 물고기는 사라졌다. 그러나 수질이 조금씩 개선되자 큰 정어리들이 조심스럽게 돌아왔다. 어쨌든 인터넷에서도 소문이 떠돌고 있었다. 큰 정어리의 귀환을 놓칠 수는 없었다. 친구에게 답장을 보냈다. "내일 밤, 강가에서 만나자."

그 초여름 밤, 센강은 곤충들의 얇은 베일을 통해 하늘을 반사했다. 강물이 아라베스크 장식처럼 수면에서 소용돌이쳤다. 갑자기 모든 것이 나타났다. 소용돌이 사이를 나아가는 은빛 광채, 수면을 때리는 반달 모양의 커다란 꼬리, 펄떡이는 길고 푸르스름한 등…. 수십 마리, 아니, 어쩌면 수백 마리는 됨직한 큰 정어리들이 거기 있었다. 상류에서 번식하라고 자신들을 부추기는 본능의 충동에 따라 강물을 거슬러 왔다. 이 거대한 정어리들은 멀고 먼 대서양에서 여행을 시작해 이제 파리를 지나고 있었다. 우리 조상들이 몰랐던 한 시대의 심연에서 다시 돌아오고 있었다. 거의 한 세기 동안 심연의 어둠 속으로 사라졌다가 그날 밤 불쑥 마치 아무 일도 없었다는 듯 돌아왔다. 아주 신선한 활력과 자연의 꾸밈없는 화려함을 드러내며 큰 정어리들은 센강 한가운데서 힘껏 튀어 올랐다.

여러 협회에서 몇 가지 정보를 취합하고 나자, 내게 임무가 주어졌다. 큰 정어리를 잡아서 그의 이야기를 추적하게 해줄 비늘을 하나 떼어내는 일이었다. 이런 물고기를 내 두 손에 쥐고 있으려니 몹시 감격스러웠다. 나는 큰 정어리의 금빛 얼굴과 남빛 광택을 한참 들여다본 뒤, 멀어져가는 모습을 바라보았다. 큰 정어리의 반짝이는 색깔은 먼 곳의 수많은 풍경을 반사했고, 시선은 바다의 수많은 추억으로 가득했다…. 커다란 정어리는 꼬리를 힘차게 흔들며 산란할 장소를 향해 다시 출발했다.

이튿날 나는 안심하고 차분하게 다시 글을 쓰기 시작했다. 나는 정어리가 멀고 먼 도시에 사는 나를 찾아와서 내 귀에 대고 자기 이야기를 들려주리라고는 꿈에도 생각하지 못했다.

정어리의 웅변

초판 1쇄 발행 2022년 7월 19일

지은이 빌 프랑수아
옮긴이 이재형
펴낸이 윤석헌
편집 김미경, 임주하
디자인 즐거운생활
펴낸곳 레모
제작처 민언프린텍
출판등록 2017년 7월 19일 제2017-000151호
주소 서울시 서초구 서초대로 33길 99, 201호
이메일 editions.lesmots@gmail.com **인스타그램** @ed_lesmots

ISBN 979-11-91861-10-5 03490